全国新闻出版系统职业技术学校统编教材

书籍装帧实用教程

全国新闻出版系统职业技术学校统编教材审定委员会　组织编写

主　编　庄前矛
参　编　杨天奇
主　审　杨格平

内容提要

本书是全国新闻出版系统职业技术学校统编教材中的一本。

本书在编写时侧重基础和实用，方便教学和学生操作。本书分为上、下两篇。上篇是基础理论部分，主要包括：书籍装帧基础知识、版式设计、插图设计、封面设计、精品解析。上篇的编写注重基础，内容具体、深入浅出、图文并茂。下篇是实训操作部分。下篇的编写注重实用，操作方便，能有效地提高学生的动手能力。在下篇的实训操作中，每个实训都有详细的步骤，具备课堂的可操作性和社会的实用性。

本书适合作为印刷、包装、设计专业学生的专业教材，也可作为相关工作者的参考书，还可用于在职技术人员的培训教材。

图书在版编目（CIP）数据

书籍装帧实用教程/庄前矛主编.—北京：文化发展出版社，2009.8
全国新闻出版系统职业技术学校统编教材
ISBN 978-7-80000-872-6

Ⅰ．书…Ⅱ.庄…Ⅲ.书籍装帧－专业学校－教材Ⅳ.TS881

中国版本图书馆CIP数据核字(2009)第131723号

书籍装帧实用教程

主编：庄前矛
参编：杨天奇
主审：杨格平

责任编辑：张宇华	责任校对：郭 平
责任印制：邓辉明	责任设计：侯 铮

出版发行：文化发展出版社（北京市翠微路2号 邮编：100036）
网　　址：www.wenhuafazhan.com　www.printhome.com　www.keyin.cn
经　　销：各地新华书店
印　　刷：北京建宏印刷有限公司

开　　本：787mm×1092mm　1/16
字　　数：193千字
印　　张：8.375
印　　次：2018年2月第1版第3次印刷
定　　价：45.00元
ＩＳＢＮ：978-7-80000-872-6

◆ 如发现任何质量问题请与我社发行部联系。发行部电话：010-88275710

全国新闻出版系统职业技术学校统编教材审定委员会

委 员 名 单

主　任：孙文科

副主任：徐胜帝　严　格　吴　鹏　刘积英

委　员：王国庆　杨速章　刘宁俊　庞东升

　　　　尚曙升　杨保育　李　予

全国新闻出版系统职业技术学校统编教材

第一批

拼晒版与打样实训教程	陈世军	主编
印刷实训指导手册	周玉松	主编
印前工艺	郝景江	主编
印后加工	徐建军	主编
柔性版印刷工艺	严　格	主编
印刷机械基础	王　芳	主编
印刷机械电气控制	王　乔	主编

第二批

印刷概论	李　予	主编
印刷材料	唐裕标	主编
平版印刷工艺	谭旭红	主编
印刷品质量检测与控制	陈世军	主编
印刷机结构与调节	袁顺发	主编
电脑排版工艺（上、下册）	刘春青	主编
包装概论	岳　蕾	主编
包装印刷工艺	段　纯	主编

第三批

印刷概论	白研华	主编
印刷工价计算	王国庆	主编
印刷企业管理	郝景江	主编
数字印刷	严　格	主编
书籍装帧实用教程	庄前矛	主编
印刷市场营销	徐建军	主编
现代校对实务与技能	谈大勇	主编
出版物营销实务	翟　星	主编

出版说明

新闻出版总署发布的印刷业"十一五"发展指导实施意见提出，要在2010年把我国建设成为全球主要的印刷基地之一，"十一五"末期我国印刷业总产值达到4400亿元。迅猛发展的产业形势对印刷人才的培养和教育工作提出了更高的要求。新闻出版系统中等职业技术学校作为专业人才培养的重要组成部分必须因循产业发展的需求做出相应的变革和创新。其中，教材作为必不可少的教学工具也必须紧跟产业形势，体现产业技术和管理发展的最新成果。

总署一直十分重视和支持系统内中等职业技术学校教材建设工作，于1995年专门成立了印刷类专业教材编审委员会，组织有关学校的教师和行业专家规划、编写了电脑排版、平版制版和平版印刷3个专业的9本专业课统编教材。这批教材突出技工学校印刷类专业教育、教学的特点，陆续出版之后一举扭转了相关专业教材陈旧落后的局面，对近十几年技能型印刷专业人才的培养做出了很大贡献。但近年来，随着印刷专业技术的飞速发展和职业教育改革的不断深化，无论在体系、内容还是形式上都显露出一些问题，有的还比较突出，亟需根据新的形势进行必要的调整和革新。

2006年，汇集了国内相关院校教学骨干的全国新闻出版系统职业技术学校教材审定委员会经新闻出版总署批准成立。委员会的首要任务就是根据新的产业形势，做好系统内院校印刷及相关专业统编教材的更新换代工作。委员会成立后，先后多次召开专题工作会议，明确了新版教材的编写指导思想，并分两批陆续出版了《拼晒版与打样实训教程》《印刷实训指导手册》《印前工艺》《印后加工》《柔性版印刷工艺》《印刷机械基础》《印刷机械电气控制》以及《印刷概论》《印刷材料》《平版印刷工艺》《印刷机结构与调节》《印刷品质量检测与控制》《电脑排版工艺》（上、下册）《包装概论》《包装印刷工艺》15本统编教材。

前两批教材出版后，得到各中职院校的广泛采用及热烈评价，各学校普遍反映新教材的编写适应了当前对中职院校注重实践操作与理论教学相结合的教学目的，体现了"项目驱动""案例教学"。两批教材的出版标志着新版统编教材的编写工作取得了一定的进展。

2008年底以来，委员会根据各院校的专业建设和教学工作的实际需要，连续多次召开了第三批教材编写会议,确定提纲,落实主编及参编作者。经委员会议定,第三批教材包括:《印刷色彩》《印刷工价计算》《书籍装帧实用教程》《印刷企业管理》《数字印刷》《印刷市场营销》《出版物营销实务》《现代校对实务与技能》8本教材。第三批教材在编写风格上延续了前两批教材的鲜明特点及编写方式,具有鲜明的实践性、前瞻性特点,能更好地满足相关院校的教学需要。比如,《印刷工价计算》内容适合时代的要求,让学生尽可能掌握印刷业务员的基本技能和技巧以及最新的各类印刷品的计价方法,使学生毕业后能快速适应相应岗位需求;《印刷色彩》突破传统理论教学的观点,用形象、生动的彩色案例介绍色彩的知识及相关应用;《书籍装帧实用教程》突出实践教学,每个实训都有详细的步骤,具备课堂的可操作性和社会的实用性。

从整体上看,这三批共 23 本教材紧密结合职业院校的教学需求,较好贯彻了委员会的教材编写指导思想,在选题和编写模式上都有了很大突破。新版统编教材主要突出以下显著特点:

1. 面向职业需求,突出实践导向。面向实践,针对企业需求制定有针对性的课程内容,争取使培养出来的学生能较快融入到生产实践中。

2. 关注持续成长,注意延伸学习。在突出实践导向的同时,注意各知识点的延伸性,培养学生的持续学习能力,举一反三,以适应企业的不同需要。

3. 强调任务驱动,理论适度够用。引入职业教育流行的任务驱动理念,明确每一教学单元的培养目标和知识点、技能点,知识教学和技能训练交叉进行。

4. 重视双证融通,接轨技能标准。注重教材内容与职业技能鉴定标准的衔接,以体现职业教育双证融通的特点。

5. 丰富教材体系,适应教改要求。突破纯技术教学倾向,在技术性课程之外,增加营业、计价和营销等业务员相关知识,扩展学生就业面。

第三批中职教材的出版,标志着新版统编教材的编写工作已经在稳步前进中取得了一定的进展。希望审定委员会和有关院校在总结已有经验的基础上继续做好后续教材的组织、编写工作。同时,由于教材编写是一项复杂的系统工程,难度很大,也希望有关院校的师生及行业专家不吝赐教,将发现的问题及时反馈给我们,以利于我们改进工作,真正编出一套能代表当今产业发展需求,体现职业教学特点的高水平教材。

全国新闻出版系统职业技术学校
统编教材审定委员会
2009 年 7 月

前　言

　　书籍装帧设计作为平面设计领域里的一门专业学科，它传承着人类的文化，散发着艺术的芳香。随着当前出版事业的繁荣，书籍装帧的艺术越来越受到社会的重视。因为一本好书不仅体现在内容上，还体现在装帧形式上。

　　本书是新闻出版系统职业学校使用的教材，在编写时侧重基础和实用。为了便于教学和学生操作，本书分为上、下两篇。上篇是基础理论部分，下篇是实训操作部分。上篇的编写注重基础、内容具体、深入浅出、图文并茂；下篇的编写注重实用、操作方便，能有效地提高学生的动手能力。

　　在下篇的实训操作中，每个实训都有详细的步骤，具备课堂的可操作性和社会的实用性。在实训中，本书主要让学生们学会借鉴，因为"借鉴"是职业学校艺术类教学的一种模式，也是学好视觉艺术的一个关键环节。目前，在教学过程中，往往只侧重于作品临摹和电脑软件的操作，缺乏临摹和创作的中间环节——"借鉴"。而"借鉴"的基础是临摹，"借鉴"的升华是设计，所以，临摹、借鉴、设计，不仅是本门课程，也是其他平面设计类课程的一套最实用的教学手段。会借鉴，才有可能会设计，才有可能把创意和形式完美地结合。有人说，艺术创作的核心是设计，而设计的核心是创意。所以，要使学生在短期内达到创作能力或一定的设计水平，可以走临摹、借鉴、设计这条道路。

　　教材编写内容分工如下：

　　上篇基础理论、下篇版式实训和少部分封面实训由庄前矛（辽宁省新闻出版学校）编写。

　　下篇插图实训和封面实训的大部分内容由杨天奇（上海新闻出版职业技术学校）编写。

　　本教材由庄前矛同志主编和统稿。

　　由于本教材的编写是艺术类基础教学的一种改革和尝试，教材中不当之处在所难免，敬请读者将使用中发现的问题及时反馈给我们，以便在教材重印时加以改正。

编　者
2009 年 6 月

目　　录

上篇　基础理论部分

第一章　书籍装帧基础知识 ········· 3
第一节　书籍装帧概述 ········· 3
一、书籍装帧的含义 ········· 3
二、书籍装帧的价值 ········· 4
三、书籍装帧设计考虑的因素 ········· 4
四、书籍装帧设计的程序 ········· 5
第二节　书籍形态的演变 ········· 5
一、历史书籍形态 ········· 6
二、现代书籍的形态 ········· 8
第三节　书刊印制工艺流程 ········· 10
一、制版 ········· 10
二、印刷 ········· 12
三、装订 ········· 14
习　题 ········· 17

第二章　版式设计 ········· 18
第一节　书籍开本设计 ········· 18
一、确定开本大小的因素 ········· 19
二、开本长宽比例的设计 ········· 20
三、纸张的开切方法及常用开本尺寸 ········· 20
四、出血 ········· 21
第二节　版面文字设计 ········· 22
一、字体字号设计 ········· 22
二、字距、行距设计 ········· 24
三、行长设计 ········· 25
第三节　版面形式设计 ········· 25

一、版心 ··· 26
　　二、版式设计的基本模式 ··· 27
　　三、篇、章页的设计 ·· 30
第四节　版面装饰设计 ·· 31
　　一、页眉设计 ··· 31
　　二、书口设计 ··· 31
　　三、页码设计 ··· 32
　　四、尾花设计 ··· 32
第五节　扉页设计 ·· 33
　　一、正扉页 ··· 33
　　二、版权页和护页 ··· 33
　　三、目录 ··· 34
　　四、序言、索引和附录 ··· 34
　　习　题 ··· 35

第三章　插图设计 ·· 36
第一节　插图的特征 ·· 36
　　一、从属性 ··· 37
　　二、独立性 ··· 37
　　三、装饰性 ··· 38
第二节　插图的体裁 ·· 38
　　一、肖像性插图 ··· 38
　　二、情节性插图 ··· 39
　　三、装饰性插图 ··· 39
第三节　插图的表现形式 ·· 40
　　一、手绘 ··· 40
　　二、木刻 ··· 41
　　三、铜刻 ··· 41
　　四、石印 ··· 41
　　五、电脑插图 ··· 42
　　习　题 ··· 44

第四章　封面设计 ·· 45
第一节　封面功能和组成 ·· 45
　　一、封面的功能 ··· 46

二、封面的组成 ································ 46
第二节　封面的构思 ································ 48
一、深刻理解和感受书稿的内容 ································ 48
二、创造典型的艺术形象 ································ 49
第三节　封面设计尺寸计算 ································ 51
第四节　封面的设计元素 ································ 52
一、文字 ································ 52
二、图形 ································ 53
三、色彩 ································ 57
四、构图 ································ 61
习　题 ································ 62

第五章　精品解析

一、《中国急腹症治疗学》解析 ································ 63
二、《临床骨科学》解析 ································ 64
三、《神曲》解析 ································ 64
四、《诡辩论》、《论辩论》解析 ································ 65
五、《横空出世》等解析 ································ 65
六、《中国震撼世界》解析 ································ 66
七、《夹子救鹿》解析 ································ 67
八、《我要上学》解析 ································ 67
九、《当代中国画技法·赏析》解析 ································ 68
十、《绞刑架下的报告》解析 ································ 68
十一、《张守义外国文学插图集》解析 ································ 69

下篇　实训操作部分

第一部分　版式设计 ································ 73

实训教学一　版式模式的绘制 ································ 73
实训教学二　图文混排版式的借鉴与设计 ································ 75
实训教学三　篇、章页版式的借鉴设计 ································ 85
实训教学四　版面装饰设计的临摹借鉴 ································ 88
实训教学五　各种版式设计 ································ 90

第二部分　插图设计 ··· 93
实训教学一　肖像性插画作品的临摹与借鉴 ·························· 93
实训教学二　情节性插画作品的临摹与借鉴 ·························· 94
实训教学三　装饰性插画作品的临摹与借鉴 ·························· 97

第三部分　封面设计 ··· 101
实训教学一　以字体为主的借鉴设计 ································ 101
实训教学二　形式构成和色彩的借鉴设计 ···························· 106
实训教学三　电脑创意设计 ······································· 111

参考文献 ··· 122

上 篇
基础理论部分

理论教学 —— 了解、掌握、应用

第一章

书籍装帧基础知识

【应知要点】
1. 了解书籍装帧含义。
2. 了解书籍装帧设计因素。
3. 了解历史上各种书籍的形态和特征。
4. 了解书刊印刷工艺流程。
5. 了解拼版和晒版的简单原理。
6. 了解印刷及装帧材料。
7. 了解折页和配帖的概念。

【应会要点】
1. 熟悉书籍装帧设计程序的具体内容。
2. 掌握现代书籍形态及其组成。
3. 熟悉封面的特种印刷。
4. 掌握简装书籍的装订工艺。
5. 熟悉精装书籍的制作工艺。

第一节 书籍装帧概述

【任务】了解书籍装帧的概念和书籍装帧设计所考虑的因素，了解书籍从策划、设计到制作的各个程序。

【分析】教师准备两本书，用真实的物品来讲解书籍装帧的含义，使学生了解书籍设计要考虑的因素等。其中书籍装帧的含义是本节的重点。

一、书籍装帧的含义

何为书籍装帧设计？简单地说是书籍成型设计的总称，是一种艺术创作。

"装帧"一词，是1928年丰子恺引用的日本词汇。随着我国出版事业的发展，逐渐被人们所认识。"装"：是束和饰的意思，束之以免散乱，饰之以为美观。"帧"：画幅的量词，《古今画鉴 唐画》上载有"唐画龙图在东浙钱氏家绢十二幅作两帧"之说。装帧，就是将一定量的书画，通过装饰美化，把它们整齐地装订成册。

书籍装帧设计是书的总体造型设计；是书籍在出版过程中各部分结构、形态、材料应用、印刷工艺、装订工艺等全部设计活动的总和；是人们用美的规律创造的，以阅读和使用为目的，以书的整体形态为载体的多侧面、多层次、多因素、立体的、动态的系统工程。没有装帧，就谈不上书籍的存在。

书籍装帧设计包括以下几个方面：书籍造型设计、开本设计、版式设计、插图设计、封面设计、护封设计、环衬设计、扉页设计等，以及与之有关联的纸张选用、印刷和装订工艺的确定。所以说书籍装帧设计是书籍的整体设计，各个部分既要相对独立，又要相得益彰。

书籍装帧设计是一门视觉艺术，它通过装饰、色彩、形象、字体艺术来打动、感染读者，使读者阅读时有愉悦之感，从而获得美的享受。如果设计者在设计时忽略了版面设计、开本设计的要求，使封面成为跳出书籍以外的孤立的设计，甚至封面设计过分强调形式而离开书稿的内容，这是一种徒有其表的形式设计。

实际上，书籍装帧艺术，是一个整体工程艺术，它所强调的是书籍装帧各部分的和谐统一，所有的部分都得服从整体这一原则。也就是说，人们欣赏书籍时，在端详封面之后，总要随手翻阅一番，感受一下拿在手里有怎样的感觉，所以书籍装帧设计是一个从内到外的整体设计。

二、书籍装帧的价值

随着图书市场竞争的激烈，书籍装帧的艺术价值越来越得到人们的重视。那么，书籍装帧的艺术价值表现在哪些方面呢？可以概括为三个方面：功能的实用价值、艺术的审美价值、商业的经济价值。

（1）功能的实用价值。载录得体，翻阅方便，阅读流畅，有利传播，易于收藏，符合不同读者对象要求。书籍装帧的诞生与发展，永远是把实用性放在第一位。

（2）艺术的审美价值。当读者在翻阅书籍、接受文字或图片所传递的信息的同时，也是在享受装帧家为读者营造的温馨与美丽。读者无论是在欣赏封面和版式设计，还是在阅读每一页文字内容的时候，都会被装帧设计所烘托出的温馨而朦胧的阅读氛围所感染，在装帧形式的意味中，如梦般地陶醉，从而感到读书真是一种快乐。另外，现在室内摆放的豪华书柜，里面装放一些精美的书籍，还能起到装饰和美化室内环境的作用，同时营造出深邃的文化气息。

（3）商业的经济价值。在书籍装帧过程中，通过慎选材料和工艺、把握合理价格和市场，从而向读者奉献出最好的精神食粮。

三、书籍装帧设计考虑的因素

决定书籍装帧设计的因素有如下四点：

（1）内容体裁。书籍装帧设计必须从属于书籍原著的内容和体裁。设计要与书籍内容、书籍种类和写作风格相符合，做到形式与内容的统一。

（2）读者对象。读者的年龄、职业、文化程度、民族习俗及阅读的方式方法，以及他们的审美习惯和欣赏水平。

（3）经济价值。从经济的角度，依据内容选择合适的开本、装订形式，确定纸张和印刷工艺流程。

（4）科技手段。书籍装帧设计还要考虑到由于时代的进步而以各种形式为载体出现的书籍。目前在市场上出现的电子读物和多媒体光盘都是集声、文字、图像、动画、影视等多种媒体信息于一身，可以满足当代人快节奏、大容量的读书需要，被称为新一代的书籍。

四、书籍装帧设计的程序

一本优秀书籍从策划到印刷成成品需经历三个大的环节：采编、设计、制作。而书籍装帧设计作为中间环节，占据了重要的位置。在采编这个环节中策划是第一步，经过一系列工作，最终所有编辑过的文字和信息（包括图片），由责任编辑负责转至第二个环节。进入设计环节后，在开始排版之前要先与印刷生产部门交换意见，再根据编辑部门的要求开始进行排版、美术设计等一系列工作，之后再返回出版编辑部门进行校对，最后进行印刷制作。

书籍装帧设计程序的具体内容：

（1）设计者拿到书稿后，首先要明确书籍设计的档次和客户的一些要求。

（2）总体规划。研究文稿和插图，进行创意定位，要根据内容的需要，确定开本、版心、正文字体、字号、材料、工艺等。

（3）录入文稿和导入处理过的图片。

（4）设计正文版式。

（5）设计样页并打样（查看版式构图、色彩、字体字号等）。

（6）与编辑部门进行协商并进行总体调整。

（7）进行整体定版设计，打样送编辑部门进行文字校对。

（8）对作者或编辑无法提供的图片部分，进行插图创意和说明。

（9）调整全部图文，打样送编辑部门进行图文校对。

（10）进行"四封"整体构思、策划、设计、打样。

（11）设计扉页、目录页、版权页及索引等。

（12）对所有书页和"四封"进行打样、校正。

（13）所有设计完成后，与编辑部门一起进行最后的审查核对。

（14）与生产部门联系，进行制版、印刷、装订。

以上只是书籍设计的一般工艺流程，并非所有书籍设计都包括这些内容，各项程序也并非一成不变，这取决于书的内容和体裁。

第二节　书籍形态的演变

【任务】了解书籍装帧在各个历史时期的形态及其演变的规律。

【分析】提出问题：在古代，书籍是什么样子？书籍是如何变成现在的样子呢？结合普通书籍和精装字典的实物讲解现代书籍装帧的各个部分，这是本节重点。

一、历史书籍形态

书籍形态，往往因其所用的材料与各个时期的制书方法不同而有变动。书籍之质料为甲骨，则有甲骨装；书籍之质料为竹木金石，则有简牍、玉版装；书籍之质料为缣帛，则有折叠、卷轴装；书籍之质料为纸，则有经折装、旋风装、蝴蝶装、包背装、线装、平装、精装等。

1. 简牍装

简，竹片；牍，木片。

人们把竹片作成的书，称做"简策"；把木片做成的书，称做"版牍"。竹片和木片所做的书统称"简牍"。简牍装是最早的书装形式。据考证，简牍始于商朝末年（公元前10世纪）。

简牍上的文字，大多用毛笔蘸漆书写，写错了则用刀子刮去重写。简牍上的字体因时代不同而变化，先秦多为甲古文、篆字，秦后为隶书。

一部书要用很多简。为了保存和阅读的方便，这些简必须依照文字的先后次序、上下两道用较牢固的绳子将其连接起来。编连的简便成为"策"（即"册"）。如图1-1所示。

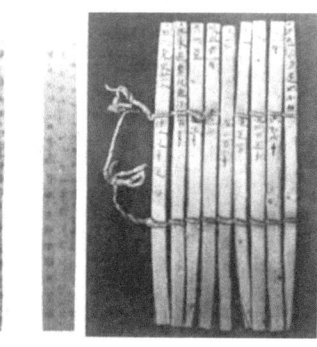

图1-1 简牍装

简牍在我国历史上盛行了很长时间，在发明造纸后，还和纸并用了几百年。我国古代的许多重要著作都是写于简策上的。诸如，孔子编定的《诗经》、《书经》、《乐经》、《春秋》、《周易》；还有杰出思想家的名著《孟子》、《荀子》、《老子》、《庄子》、《列子》、《墨子》、《韩非子》等；伟大诗人屈原的《离骚》、《九歌》、《天问》；司马迁的《史记》……

2. 卷轴装

卷轴装始于帛书。帛，是丝织品，质地轻薄柔软，具有易于书写、绘制图画，可舒卷叠折、便于携带等优点。帛书的主要形态呈卷状，类似简策的篇。东汉时期，有专门用来书写帛书的缣帛，上面有黑或红的界行，就像连绵的简策一样。这种界行，红色的称为"朱丝栏"，黑色的称为"乌丝栏"。每行大约可写少者十余字，多则六七十字。

当纸张出现以后，特别是在公元4世纪时，桓玄帝下令废简用纸，并规定了写书用纸的颜色标准和规格，于是纸成为普遍的书写材料。初期的纸写本书，基本上和帛书一样，是卷轴装制的。

卷轴装，是由卷、轴、缥、带四个主要部分组成，卷轴装如图1-2所示。卷，即纸（帛）卷本身；轴，多为木制的圆棒，略长于卷的宽度，两头露出卷外，以便舒卷，有些讲究的，在木棒两端镶以各种贵重材料

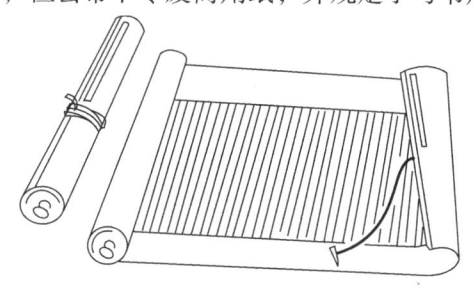

图1-2 卷轴装

6

（如象牙、金或玉石）；缥，是免于卷的头尾磨损，常用绢、罗、绵等物品粘裱在卷的左右两端，也可称它为包首；带，是附粘在裸头上的一种丝织品，作为缚扎用。有时，在一卷轴的下端再系上一小块牌子，书写上书名、卷次作识别用，谓之签。

卷轴的装帧形式应用时间最久，它始于周，盛行于隋唐，一直沿用至今。现在的许多卷轴式的书画装裱，跟古代的卷轴装书是一脉相承的。隋唐纸书盛行时应用于纸书，以后历代均沿用。现代装裱字画仍沿用卷轴装，是目前应用最久的装订形式。帛书通常是卷成一束的，作者书写时依文章的长短随时剪断，以构成一卷。"卷"逐步替代了"篇"，成为书籍新的计量单位，直到今天有的书籍仍以"卷"划分，就源于此。

3. 旋风装

旋风装，从外观上看，与卷轴装一样，当展卷阅读时才可发现：它是选用一张比书页略宽的长条厚纸作底版，第一页是单面书写并全幅粘裱在卷的右首，其余所有书页双面书写，并按照先后顺序，鳞次相错地粘裱在首页末尾的空白卷底上。收藏时从首向尾（从右向左）卷起、捆紧（与卷轴装的方向刚好相反）。里边的书页，因像旋风似的逐页向右翻卷，故名为旋风页，后人把它称之为旋风装。如图1-3所示。

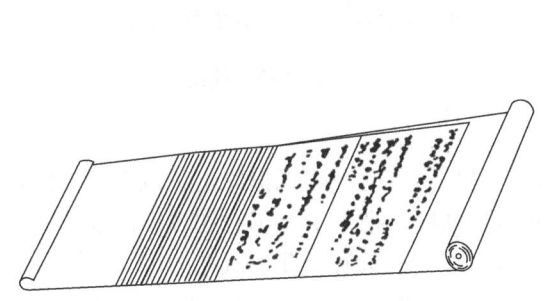
图1-3　旋风装

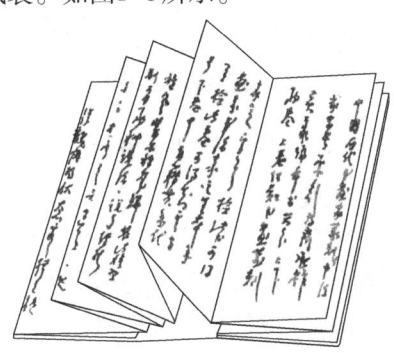
图1-4　经折装

4. 经折装

经折装，通常也称折子装。这种形式出现在公元8世纪唐中叶以后，它是针对当时盛行的卷轴装翻检不便而对卷轴装进行的彻底改造，是将书写好的长条卷子按一定规格，沿书文版面间隙，连续正反折叠，再用较厚的硬质材料粘在前后做封面，它的形态完全改变了卷轴装形式，使其踏入了正规书籍册页的阶段。我国书画家所钟爱的册页和裱本字帖、企业广告样本、旅游介绍等就是承袭了这种装帧形态的典型之例。如图1-4所示。

5. 蝴蝶装

蝴蝶装，简称蝶装，是早期的册页装，大约出现在五代后期，盛行于宋朝。蝶装为适应单面印刷、一版一页的特点，将书页依照中缝，把印有文字的一面朝里、对折起来，再以中缝为准对折，将折页按先后顺序排好、戳齐，在书页折缝的背面用浆糊逐页粘连，形成书脊，而后用一张硬厚整纸对折粘裹书脊，作为前后封面，把上、下、左三边余幅切齐。从外表看，就好像现在的平装或精装图书，打开时书页向两边张开，似蝴蝶展翅。如图1-5所示。

6. 包背装

蝶装书有其很多的优点，但美中不足是每翻阅一面，总要看到无字的背白，因书页皆为单层，纸薄者尤易使正面与正面粘连，使翻检困难。故自宋以后，蝴蝶装渐变为包背装、线装。

包背装则把书页正折，即文字朝外，无字面朝里折，以纸捻装订成册，前后用糨糊粘连封面。明《永乐大典》、清《四库全书》均为此装帧形式，并以丝织物做面，故美观耐久，今天已很少沿用，但包背装是现代书籍装订的萌芽。如图1-6所示。

图1-5　蝴蝶装

图1-6　包背装

图1-7　线装

7．线装

线装书，与包背装在折页方面没有差异，只是装订时不用纸捻固定，也不用整纸包背作封面，而是前后加放与书页大小一致的两张书皮，把上下及书脊切齐，用锥子穿小孔，再用棉线或丝线装订成册。最常见的是四孔订法，也有六孔、八孔的。

线装书颇多考究。单就书皮，除一般用磁青或黄色纸外，有用布的，或蓝绫、蓝绢、黄绫面的，再贴上印好的书名签，既美观又典雅。一些梵本经典外面的护函，往往用五彩绣金的各种织锦或缂丝，色泽鲜艳，加以珊瑚、象牙、碧玉、白玉的别扣，豪华美观，成为一种珍贵的艺术品。如图1-7所示。

二、现代书籍的形态

现代图书比古代书籍在排、印、装三个方面更合理、更科学、更规范，也更多样、更精巧、更先进。

现代书装的排版：除传统的活字排版外，利用了照相排版和现代电脑编排设计；在版面形式上，版心从有限到无限，灵活多变；文字有竖排，更多是横排，符合了现代人在阅读时的生理和心理习惯。

现代书装，从成书的形式上看，主要是平装、精装和多媒体光盘。

1．平装

结构上由书皮和书页两大部分构成。书皮，即通常说的封面（包括封面、书脊和底封），它既有保护书心的作用，又有美化、宣传、装饰图书的功能，跟现代的商品包装一样。书页，是书籍文字（或图表）的载体，包括了扉页以及印有正文的所有版面。扉页，又称内封，主要刊印书名、作者、出版单位和地点、出版时间，被视作引导读者进入书内的一条过道。

每一幅版面上的文、图部分叫做版心，版心的上边空白部分称天头，下边空白处叫地脚，靠近装订处的空白为内白边（又称订口），相对应的空白处叫外白边（又称书口）。书脊，也称书背，是书心与封面粘连的地方（见图1-8）。

2．精装

精装书的加工过程比较复杂，一般是先将书心进行有顺序的排整、锁线、上胶、圆背；封面、封底采用经过裱背（常用漆布、绸缎、亚麻布、皮革、塑胶纸等）的硬质纸板，套上书心，然后粘连，压槽而成。对于一些比较重要、流传较广、使用价值较大的经典、学术专著、工具书和画册，往往采用精装的形式。精装书的结构主要有包封（又称护封）、封面、环衬、扉页，正文与平装书一样。目前精装图书受到广大书籍爱好者的普遍欢迎。如图1-9所示。

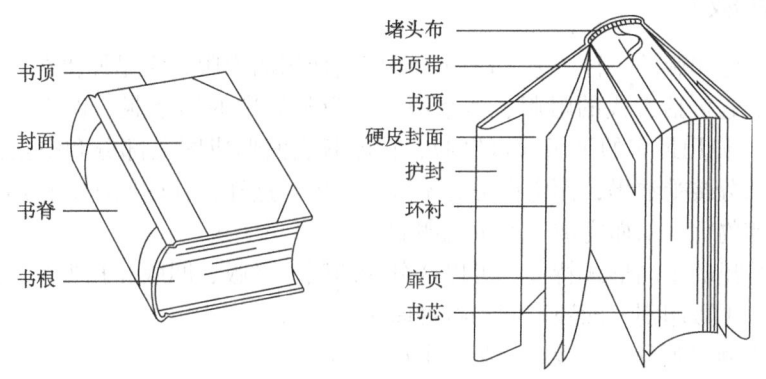

图1-8　平装书籍

图1-9　精装书籍

3．多媒体光盘

电脑技术的发展，给出版业带来了挑战和机遇，新观念、新技术、新材料、新工艺使书籍装帧在形式上、功能上、材料上更趋多元化，以至于出现了集文字、图像、音乐、动画、影视等多种媒体信息于一身的多媒体光盘。它可以满足当代人读书大容量、快节奏、多参与的需要，被称为最新颖的现代图书。电子出版物的兴起，将彻底改变人们对于传统出版业的观念。如图1-10所示。

图1-10　电脑及多媒体光盘

第三节　书刊印制工艺流程

【任务】了解书刊印刷工艺流程、拼版和晒版的简单原理，印刷及装帧材料、折页和配帖的概念。掌握简装书籍的装订工艺。

【分析】一本书籍在设计完成之后，是如何形成书的成品呢？结合印刷成品的书籍讲解印刷工艺流程和书籍的装订工艺原理。平装书籍的装订工艺是本节重点。

书籍的装帧设计，在书籍的出版中确实重要。但是，书籍的成型，必须依靠印刷工艺才能全部完成。书籍整体设计完成之后，要交给印刷部门进行加工，印制完成大量的成品。

书刊印制工艺流程可分为三大环节，即印前处理、印刷和印后加工，俗称制版、印刷和装订。

一、制版

制版是制作印版的一种工艺。印版，是印刷使用的模版，它是原稿在印刷过程中的中间媒介物。它包括古代的雕版、活字版、石版和后来的铅字版、铜版、锌版、丝网版、PS 版等。使用最多的平版通过制版，在印版表面形成图文部分和空白部分，在印刷时使图文部分接受油墨，而空白部分不接受油墨。这样，在印刷压力作用下，图文就会转移到承印物上，从而完成一次单色印刷。

印版因着墨的不同形式特征，可以区分为凸版、平版、凹版和孔版等多种，由此也分凸版印刷、平版印刷、凹版印刷和特种印刷。

书刊印刷的制版分为拼版和晒版两个环节。

1. 拼版

拼版是把单页按折页之后的页码顺序拼连成一个符合印版大小的幅面。目前的拼版有两种方式：一种是手工拼版；另一种是电子拼版。手工拼版在拼版台上完成，先画出拼版台纸（如图 1-11），然后把单页的胶片按拼版台纸的页码顺序，药膜面朝外，用透明胶固定在一定规格尺寸（4 开或对开）的透明胶片上，同时还要粘上一些必要的印刷辅助线。这种拼版可以降低成本。电子拼版是利用计算机排版软件将设计好的书刊单页直接拼排，然后再发胶片。不论是手工拼版还是计算机拼版，每页之间除订口一边外，其余三边之间要留 6mm 的裁切量（出血设计的页面除外）。如图 1-11 所示。

两种拼版方式相比，后者要比前者更先进、更精确、更快捷。尤其是大型企业都采用 CTP 和 CTCP 直接制版后，既省去了晒版这道工序，缩短出版周期，又提高了印版套印的精确度，减少了误差，是目前彩色印刷制版的高新技术，当然成本也要高一些。

2. 晒版

晒版是在光的作用下，将原版上的图文通过曝光的方式复制到感光版上，再对曝光过的感光版进行化学处理得到印版的过程。

原版是用于晒版的底版。每张原版是一个颜色，彩色原稿在出原版（胶片）时利用电子分色，将原稿分解为黄、品红、青、黑四个颜色，也就得到四张原版。这四张四

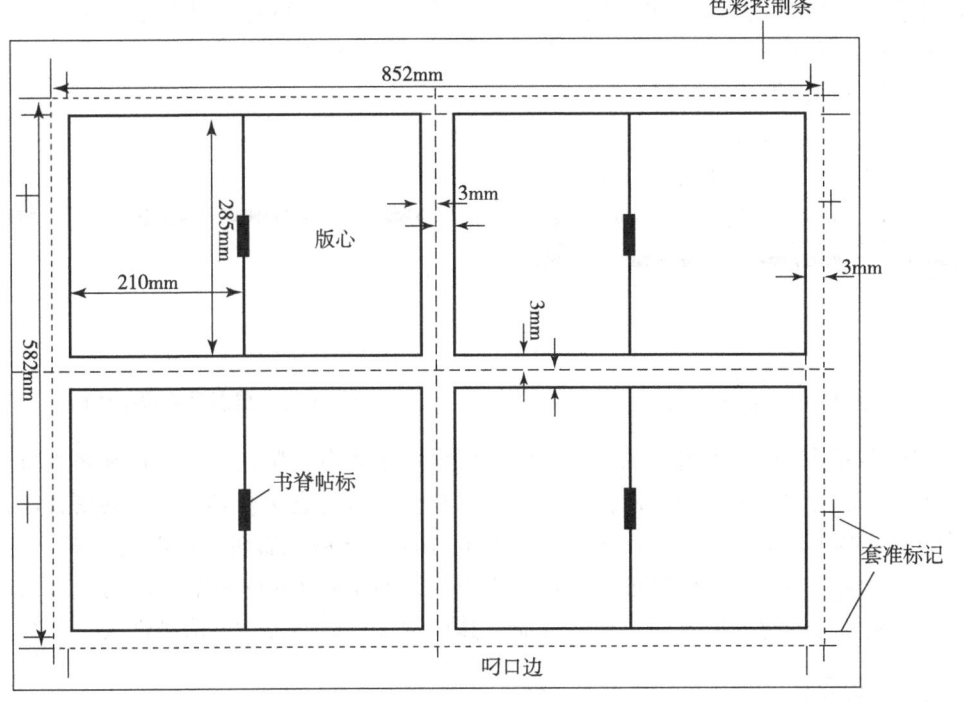

图 1-11　拼版台纸画法及电脑拼版版式

色原版分别晒制四块四色印版，在印刷时，黄色印版印黄色，品红色印版印品红色，青色印版印青色，黑色印版印黑色，最后经过套印叠加还原出原稿色彩。

　　原版有阳图和阴图之分。阳图（如图 1-12），与实际景物明暗关系一致的图文。阴图（如图 1-13），与实际景物明暗关系相反的图文。一般情况下，阳图原版的图文密度大，阻光，而空白部分透光；阴图原版与阳图原版相反，图文部分透光，而空白部分阻光。

图 1-12　阳图

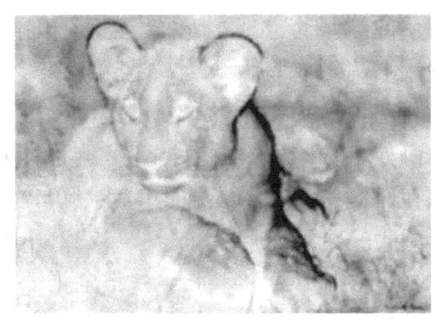
图 1-13　阴图

　　感光版是用于制作印版的感光材料，它是由版基和感光层组成。目前平版胶印常用的感光版是 PS 版，PS 版具有晒版过程简单、性能稳定、分辨率高、耐印力高等特点，是目前印刷厂应用最为广泛的感光版。

　　我们在晒制 PS 版时，往往采用的是阳图晒版。在晒版时，光透过原版的空白部分照射到 PS 版上，PS 版被光照射的地方与原版的药膜发生化学反应，经过处理后，片基的表面涂层被破坏，露出亲水涂层，而图文部分没有受光照射，仍然是原来的亲油涂层。在印刷过程中，利用油水不相混溶的原理，将图文部分印到承印物上。（如图1-14、图1-15所示）。

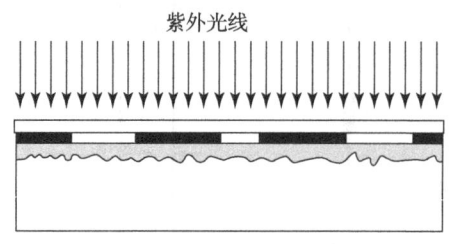

图1-14　阳图型晒版图　　　　　图1-15　显影后的印版版面

晒版是在晒版设备上进行的，常用的晒版设备主要有晒版机、显影机和烤版机。晒版机是实施光化学反应、用于制作印版的接触曝光设备，它必须具有良好的密合性，保证图文还原再现，结构紧凑、操作方便、安全可靠。PS版显影机是能够自动对PS版进行显影、冲洗、擦胶、干燥处理的设备。烤版机是对PS版进行高温烘烤的设备，经过烘烤，图文部分的感光层发生热交联反应，其稳定性、耐腐蚀性、耐磨性大大提高。

二、印刷

印刷是使用印刷设备把原稿的图文转移到承印物上的一种大量复制工艺。印刷除了有印版和印刷设备外，还有印刷油墨和承印材料。

1. 书刊印刷工艺

目前书刊的印刷主要以平版胶印为主，也有采用凸印、凹印、柔印等其他印刷工艺的。书刊印刷分彩色印刷和黑白印刷，彩色印刷工艺比较复杂，需要四色套印才能完成。书刊的印刷都是双面的，印刷机通常采用单张纸胶印机或卷筒纸胶印机。书刊的印刷包括印刷封面和印刷内文，封面与内文一般都是分开印刷的。其原因有两个，一是两者使用的纸张通常都不一样，封面印刷用纸要好于内文用纸，封面以铜版纸为主，内文多使用书写纸或胶版纸；二是封面以彩色居多，而内文以黑白居多。

目前，对一些质量要求精细的图版，常用自动化程度较高的双色或四色胶印机来印刷，例如，德国生产的海德堡印刷机的质量和性能都比较理想。

在印刷中，图书或刊物的计量单位是"印张"。我们通常将半张纸（对开）两面印刷，称为一个印张。例如，一本32开版面的书刊，32面正好是一个印张（一张对开纸），64面则是两个印张（一张全张纸），若这本书的正文为192面，那就是六个印张（全张纸3张）。据此，可以估算出一本图书大约需要的用纸量和主要的印刷成本。

2. 封面印刷特种工艺

封面印刷主要是彩色套印。但是，为了追求更加美观的效果，还要进行一些表面处理或特殊的工艺，如覆膜（或上光）、电化铝烫印、凸凹压印、UV工艺等。

覆膜是将很薄的塑料膜粘贴在印刷品表面，使印刷品产生光泽，同时对印刷面可以起到很好的保护作用，还具有一定的防水性和密封性。

电化铝烫印通常也称为烫金。现在人们已经可以进行各种颜色的电化铝烫印加工，既可烫印文字，也可烫印一些复杂的图案，甚至是网点图像。

凹凸压印是用一块凹版和对应的凸版，以一定的压力和温度对承印材料进行模压，从而使得印刷品表面形成凸起的具有立体效果的文字或图案。

UV 工艺是书籍装帧的新时尚、新工艺。什么是 UV 呢？是指在印好的书籍封面上覆盖一种特殊的透明油墨，这种油墨是 UV 油墨。UV 油墨，又称紫外线固化油墨，它是一种非色彩油墨，无色透明，一般都覆盖在普通油墨之上，以产生一种奇特的效果。

UV 油墨在印刷过程中，能在一定波长的紫外线照射下发生瞬间的化学反应，使油墨从液态变为固态。它与普通油性油墨通过溶剂挥发的干燥方式完全不同，因此，能在印刷品的表面形成光滑的层面。人们也称 UV 油墨是装饰性油墨，它能在印刷品上形成各种不同效果的表层，如：光滑、磨砂、皱纹、冰花、珊瑚等装饰性图案。书籍封面，如果局部或较大面积覆盖了这种固化材料，就会显现出一种新奇的特殊效果，为封面增添新的趣味与魅力。

3. 承印材料

承印材料大部分也是书籍装帧材料，这也是学习书籍装帧设计必须了解的内容。书籍装帧材料常用的有各种纸张、皮革、人造革、漆布、塑料、纸板、丝棉麻布、化纤布，现选择如下：

胶版纸——有单面胶版和双面胶版纸之分。双面的重量有 $50g/m^2$、$60g/m^2$、$70g/m^2$、$90g/m^2$、$100g/m^2$、$120g/m^2$、$150g/m^2$、$180g/m^2$ 8 种，单面的种类较少。此种纸用于彩色内页和封面。

铜版纸——纸表面匀涂一层白垩涂料并经超级压光加工制成的高级印刷纸。单面铜版纸有 $70g/m^2$、$80g/m^2$、$100g/m^2$、$120g/m^2$、$150g/m^2$、$180g/m^2$，双面的还有 $200g/m^2$、$210g/m^2$、$240g/m^2$、$250g/m^2$ 等数种，主要用于封面、画册、精装书的包封等高级出版物。

书皮纸——造纸厂出的色纸，有米黄、蓝、灰等色，多为 $100g/m^2$ 或 $120g/m^2$。封面设计和印刷中可巧妙运用这种纸的本色，以少色达到多色的效果。

白板纸——一种较为高级的包装用纸，有普通和特级、单面和双面之分，重量分 $200g/m^2$、$220g/m^2$、$250g/m^2$、$280g/m^2$、$350g/m^2$、$400g/m^2$ 等数种。书籍封面和精装书的衬页可考虑选用。

凸版纸——印刷书籍内文的常用纸。一般为 $52g/m^2$，分为 1~4 号。另有一种薄的凸版纸，质地细白，有 $30g/m^2$、$32g/m^2$、$35g/m^2$、$40g/m^2$ 等几种。多用于字典、辞典类较厚的精装书内文印刷，也可考虑用于精装书的环衬页。

花纹封面纸——用书皮原纸加工而成的一种较高级的书籍装帧用纸，也叫特种纸。有柿红、灰绿、浅驼、白驼、浅黄、翠绿、蓝灰、中灰、灰绿和白等色。纸面压有布纹、螺旋纹和皮革纹。现通常规格为 787mm×1092mm、850mm×1168mm 和 800mm×1100mm，重量一般为 $100g/m^2$、$120g/m^2$、$150g/m^2$、$200g/m^2$ 等几种，用以做封面、封套、环衬等用纸都较适宜，着墨烫金效果都比较好，并且韧性较强。此种纸在生产工艺和品种规格上已经展现出广阔的前景。

聚氯乙烯涂塑纸——以纸张为底料涂塑制成，视觉和触觉肌理均可如皮革，有乳白、黄灰、深蓝、浅蓝、草绿、墨绿、大红、赭黄、殷红等色，宜用于裱糊精装书封壳。

塑料胶花纸——以纸为底料,外观如漆布。有布纹、橘皮纹和各种随机性花纹,颜色有红、蓝、绿、灰、黑、褐等多种。幅宽 1000mm 或 1060mm,厚度 0.29mm,是裱糊精装书封壳的上等材料。

亚麻布——有粗纹和细纹,本色与漂白的区别。用其本色可具一种特有的高雅感,也可根据需要染成多种颜色。此种布料结实耐磨,宜于裱制精装书封壳。

草板纸——可用做精装书封面内壳或函套内壳。规格一般为 800mm×1100mm,厚度有 1.0mm、1.5mm、2.0mm、2.5mm 等几种。

色片(粉箔)——有红、黑、黄、白、蓝、绿等二十多种,可烫印于各种漆布、涂塑纸或纺织品的精装书封面,色彩鲜丽牢固。

三、装订

书刊装订是书籍成型的最后一道工艺,装订的质量直接影响书籍的功能性和使用寿命。装订是将印刷完成的印张按照书装设计的要求,经过折页、配帖、黏(或订)合、包封、裁切等一系列工序,才能成为一册完整的书籍,精装书的加工工序更为复杂。

1. 折页和配帖

折页,就是根据图书的开本(规定幅面),将印张按页码顺序折成书帖的操作过程。折页方法有手工折页和机器折页两种。印刷完毕并经过检验的书版,通常为对开,即一个印张。一个印张折完页的半成品为一个书帖,图书是由若干书帖装订而成。如图 1-16、图 1-17 所示。

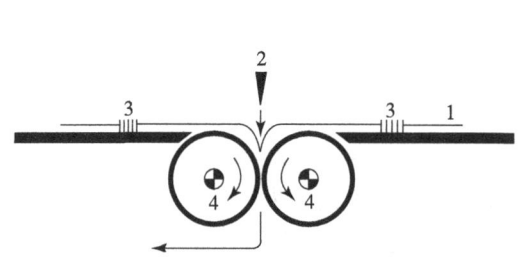

图 1-16　刀式折页过程原理图　　　　图 1-17　栅栏式折页过程原理图
1—纸张;2—折页刀;3—定位挡板;4—折页辊　　1—纸张;2、5、6—辊;3—栅栏口袋;4—定位挡板

配帖,又称配页或排书。按照图书规定的装订形式,将折页的书帖,配叠齐全,一些零页或插页,在此可按序插入,以备装订。如图 1-18、图 1-19 所示。

2. 简装书籍的装订

简装书又称平装书,其装订形式分为骑马订和平订。

(1) 骑马订是把每个书帖套插在一起(见图 1-19)。骑马订用于页数较少的书刊,一般没有书脊。订书时将封面与内文一起进行装订,装订的方式以铁丝订为主。

骑马订通常在骑马订书机上进行,其工作原理与平常使用的办公订书机类似,只是使用的不是现成的订书钉,而是直径分别为 0.55mm 和 0.5mm 的 24 号和 25 号铁丝,经过订书机的自动剪断、弯钉,最后再订书。剪断的铁丝长度、弯钉的类型和订书的位置都可以进行调节,以适应不同的书刊厚度和骑马订装订要求。

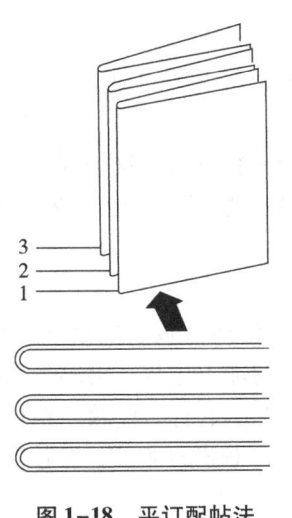

图 1-18 平订配帖法

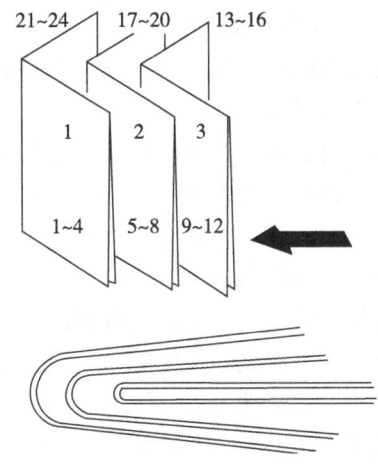

图 1-19 骑马订配帖法

（2）平订是把书帖叠放在一起（见图 1-18）。平订的书籍较厚，装订方法也有多种，如铁丝订、锁线订、胶订等。

铁丝订是将配好帖的书芯，在离书脊线 5～6mm 处，用订书机将铁丝钉穿过书芯，在背面弯折订牢的订书方法。

锁线订工艺相对较复杂，原理上与缝纫机缝衣服有些类似，基本分两步进行：一是用线将单帖锁紧；二是将锁紧的各单帖连到一起。

胶订是用黏结力很强的胶将书的每一个单页黏合到一起的装订方法。因为黏胶要作用到每一个书页的订口，所以书帖配好闯齐夹紧后，为了增加胶粘的效果，首先要设法将帖背切掉一部分，以便露出每一个书页，然后还要打毛，也叫铣背打毛处理，然后刷胶压实，如图 1-20 所示。

包封面是平订的又一道工序。印刷好的封面先进行开切，之后根据书脊的宽度进行压痕处理，再通过胶粘的方式把封面与书芯结合到一起压平干燥。包上封面后，便成为平装书籍的毛本。

无论骑马订还是简装平订，得到的毛书最后都要进行裁切才能变为成品书。裁切就是将毛书的天头、地脚和切口的毛边切去，将各书页分开，同时使得书的三个边整齐光洁，如图 1-21 所示。

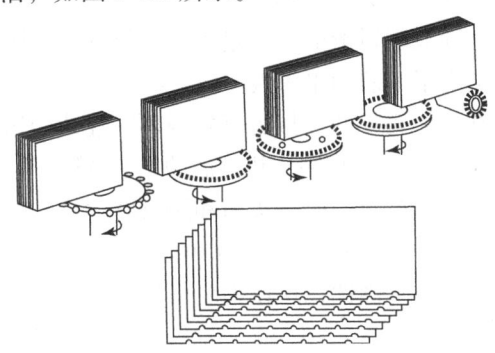

图 1-20 铣背、打毛、涂胶等加工处理

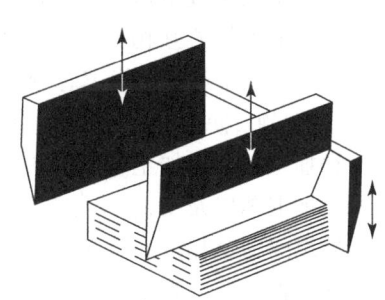

图 1-21 三面切书刀示意图

3. 精装书籍的制作

精装书的印后加工工艺比简装书要复杂得多，一般分为书芯的加工、书壳的制作和书芯书壳的黏合三个工序。

精装书籍分平脊和圆脊。较厚的精装书一般都做成圆脊方式，这是因为书帖经折页后，帖脊都或多或少要厚一些，做成圆脊后可以消除这一厚度差，使得书芯更加平整，另外，有利于厚书的翻阅使用。

（1）书芯的加工。

精装书的书芯加工，装订和简装平订的工艺相同，包括折页、配页（要配环衬）、锁线等。在完成上述工作之后，就要进行精装书芯特有的加工过程。书芯为圆脊的，须在前面加工的基础上进行压平、刷胶、干燥、裁切、扒圆、起脊、刷胶、粘纱布、再刷胶、粘堵头布、粘书脊衬纸、再干燥等步骤，以完成精装书芯的加工。书芯为方脊则不需要扒圆和起脊。如图1-22、图1-23所示。

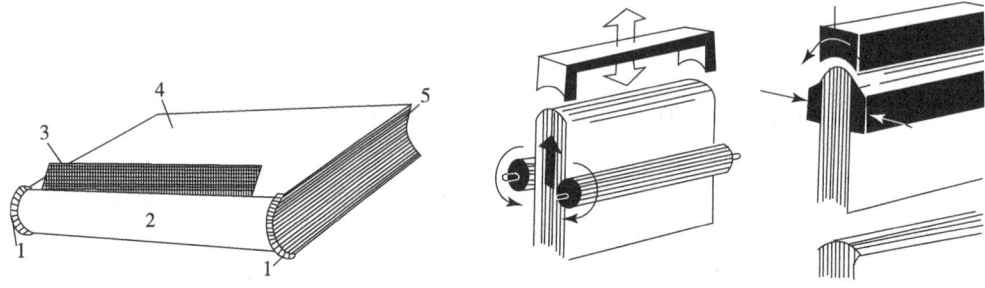

图1-22 精装书的书芯图　　　图1-23 书芯的扒圆和起脊

1—堵头布；2—书脊衬纸；3—纱布；4—环衬；5—书芯

需要特别说明的是，精装书的书芯一般都采用锁线订和胶订相结合的工艺，主要原因是精装书的内文帖数较多。此外，书芯都是先三面裁切再进行下面的扒圆、起脊、上书壳等加工，这一点与简装书不同。

①压平。配好页的书芯各帖锁线后在专用的压书机上进行压平，使书芯结实、平服，以便于后面的加工。

②刷胶。用手工或机械刷胶，使书芯基本定型，在下道工序加工时，书帖不会发生错位。

③裁切。对刷胶后基本干燥的书芯进行三面裁切，成为光本书芯。

④扒圆。由人工或机械把书脊的脊背部分处理成圆弧形的工艺过程叫做扒圆。扒圆以后，整本书的书帖能互相错开，便于翻阅，提高了书芯的平整度。

⑤起脊。由人工或机械把书芯用夹板夹紧，在书芯正反两面接近书脊与环衬连线的边缘处压出一条凹痕，使书脊略向外鼓起的工序叫做起脊，这样可防止扒圆后的书芯变形。

⑥书脊加工。书脊加工包括刷胶、粘书签带、贴纱布、贴堵头布和贴书脊衬纸。贴纱布能够增加书芯以及书芯与书壳的黏结强度。堵头布贴在书芯背脊的天头和地脚两端，使书帖之间紧紧相连，这不仅增加了书籍装订的牢固性，也使书变得更加美观。书脊衬纸必须贴在书芯背脊中间，不能起皱、起泡。

（2）书壳的制作。

精装书籍的书壳，一般是在荷兰板或草纸板上裱糊塑纸、丝绸、亚麻布，也可以用特种纸裱在上面。做书壳时，先按规定尺寸裁切封面、封底和书脊材料并进行刷胶，再将其定位（也称摆壳），放在一定的面料上压实，最后包好边缘和四角压平，完成书壳的制作。精装的书壳封面边缘均匀地大出书芯2mm，大出的2mm叫做冒边或飘口。冒边或飘口便于保护书芯，也增加书籍的美观。

制作好的书壳，在前后封及书脊上压凹、压凸、烫金、烫银书名和图案等，效果庄重而精美。为了适应书背的圆弧形状，书壳整饰完以后还需进行扒圆。

（3）裱合。

把书壳和书芯粘在一起的工艺过程叫做裱合，也叫上书壳。裱合的方法是：先在书芯环衬的一面上涂胶水，按一定位置放上书壳压实，使环衬与书壳一面先粘牢固，照此方法把书芯环衬的另一面也平整地粘在书壳上，整个书芯与书壳就牢固地连接在一起了。最后用压线起脊机，在书的前后边缘各压出一道凹槽，加压、烘干，使书籍更加平整。

如果有护封，包上护封后即完成了精装书的整个加工过程。护封的设计相当于简装书籍的封面设计，印刷精美，护封必须要有勒口，不然无法包在精装书壳上。

顺便提一下，简精装是介于简装和精装之间的书籍装帧设计，该种书籍一般不能太厚，装订方法与简装书籍相同，只是封面用纸板做内壳，外面包上印刷精美的护封。

精装套书设计一般要有函套，即外包装盒，这样显得更加高档美观和便于收藏。函套的形式有全包和半包，设计多种多样。采用的材料与制作工艺，和精装书壳基本相同。如图1-24所示为精装书装订联动机。

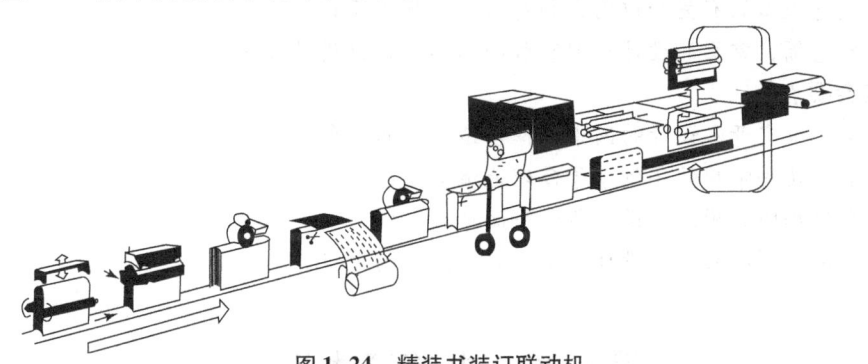

图1-24 精装书装订联动机

习 题

1. 书籍装帧的含义是什么？
2. 书籍装帧设计需考虑哪些因素？
3. 中国历史上有哪些书籍形式？
4. 找一本精装书，说出它各组成部分的名称。
5. 书刊印制的工艺流程是什么？
6. 封面印刷有哪些特种处理？
7. 简述平装书的装订工艺？

第二章 版式设计

【应知要点】
1. 了解开本的概念。
2. 了解决定开本设计的因素及开本长宽的最佳比例。
3. 了解纸张开切方法及常用开本尺寸。
4. 熟悉裁切量和出血的含义。
5. 熟悉字体、字号的使用原则和常用字体特征。
6. 了解行距和行长的设计范围及一般规定。
7. 熟悉版心的有关知识内容和基本版式模式设计。
8. 熟悉篇、章页的设计原则和版面的各种装饰设计方法。

【应会要点】
1. 会用决定开本设计的因素选择合适的书籍开本尺寸。
2. 能用几种常用的字体字号合理地编排版面。
3. 会根据版式模式图设计各种版面形式。
4. 能做一些版面装饰设计和图文混排设计的书版。

第一节 书籍开本设计

【任务】了解开本的概念,熟悉开本设计的因素及开本长宽的最佳比例,了解纸张开切方法及常用开本尺寸,熟悉裁切量和出血的含义。

【分析】提出问题:每本书的大小规格怎样称呼?每本书为什么有不同的尺寸?每本书籍在设计时是否和现在的大小一样?以提问的方式引出任务。

准备教具:一本小人书(64开);一本现代诗集或散文集(32开);一本精装学术书(大16开);一本美术画册(8开)。结合实物讲解开本的决定因素以及开本尺寸大小。

开本的含义是本节重点。

什么是开本?简单地说,开本是指成品书籍幅面的尺寸规格,如通常所说的8开、

16开、32开、64开等。在书籍装帧设计中,开本的确定是十分重要的。一方面,它受书稿的内容和体裁的制约;另一方面,书籍整体形态尺寸对读者的视觉感受和心理反应起着较大的影响,因此,直接影响到设计意图的贯彻,也就是说,开本是书籍设计考虑的第一个课题。

一、确定开本大小的因素

在动手设计前,首先要根据书稿的内容与体裁,确定书籍的开本尺寸(指一本书的面积大小),以达到准确表现原稿的精神面貌和节省成本的目的。

开本设计,还要与书籍的类别、纸张利用、印装技术和审美价值等各种因素综合起来考虑。虽然现代图书品种繁多,五花八门,但从装帧形态、实用与审美价值来看,也不外乎两大类,一是以阅读为主的普及型图书;二是以欣赏和收藏为目的的特装型书籍。阅读型图书,开本、纸张、印装一般都比较小巧、轻薄、简易;珍藏型书籍,开本、纸张、印装都非常厚重、精致、豪华。如图2-1、图2-2所示。

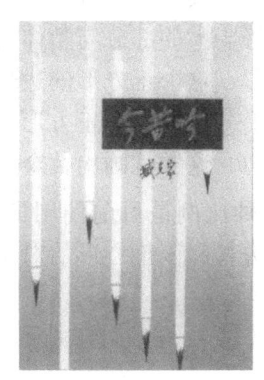

图2-1　不同的开本形状和尺寸

图2-2　不同的开本尺寸和厚度

概括起来讲,确定书籍的开本,要从以下五个方面入手:

(1)据书籍的内容和性质选择开本。如学术理论、文学名著、经典著作等有文化价值的书,选择的开本要大一些;诗歌、散文,则可以选择窄小一些的开本。书法、美术、摄影等艺术类的图书开本较大且方形居多。

（2）根据读者对象选择开本。老年读物的文字要大一些，开本也要大一些。儿童读物选择的开本一般小于老年读物，且开本变化多样。

（3）根据书稿的容量选择开本。一般书稿容量大的书选择开本宜大，反之宜小。

（4）根据书籍的用途选择开本。文献资料书、学术论著等长期陈列在书架上的书籍，开本大些；而随身携带或常用工具书选择的开本宜小。

（5）根据出版社的风格特点选择开本。

二、开本长宽比例的设计

古希腊的哲学家们提出，在建筑、雕刻、绘画、音乐直至人体美中，都存在着由数的对立因素造成的和谐。今天，书籍使用的各种开本，在它们美的外观中，依然闪烁着古希腊哲人们发现的"数的对立因素造成的和谐"的内在精神。

各种开本的美，充满了"数"的法则，它以无形的力量渗透到开本的形态之中，体现在每一种开本的长度、宽度、厚度之上。书籍的开本，高与宽的比例，数千年来科学家和艺术家一直在探索其中的奥妙。其中黄金分割点1∶1.618是至今一致公认的美的比率，即小的部分与大的部分之比等于大的部分与整体之比。

黄金矩形的作法是先画一正方形，这个正方形的边长就是矩形的短边，再把正方形平分，以平分边的中点为圆心，以平分后的半个正方形的对角线为半径画弧，与正方形边的延长线交一点，得到矩形的长边，这样就画出黄金矩形，如图2-3所示。

还有一种长宽比例是$1:\sqrt{2}$，这种比例是目前使用最多的书籍开本的比例。这种矩形的宽和长，其实是一个正方形的边长和该正方形的对角线长，如图2-4所示。

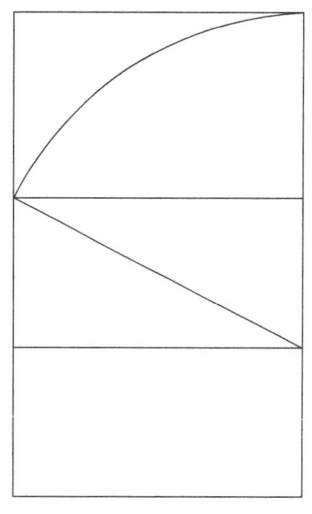
图2-3　黄金比矩形

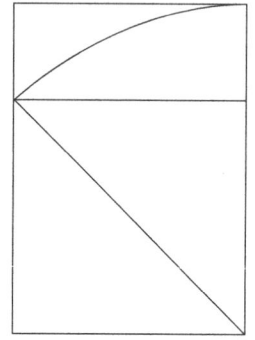
图2-4　$\sqrt{2}$矩形

三、纸张的开切方法及常用开本尺寸

目前我国常用的正文纸张有787mm×1092mm和850mm×1168mm两种尺幅。前者开切成品为小开本，后者开切的成品为大开本。未经裁切的纸张叫全张纸，也叫全开纸、一开纸。

纸张的规格种类很多，大小不一，但其开数原理都一样，即把全开纸对折为对开，对开再对折为4开，以此类推便有8开、16开、32开、64开等。这种以2为几何级数的开切，叫几何级数开法。这种开法是一般书籍普遍采用的开切方法，此开法适合各种印刷机、装订机、折页机，工艺上有较强的适应性（见图2-5）。

还有一种将全开纸先平分为三部分，那就是3开，则就有6开、9开、12开、18开、24开等。这种不完全以2为几何开数的开切，称为非几何级数开法。这种开法不适合折页机折页，有一定局限性（见图2-6）。

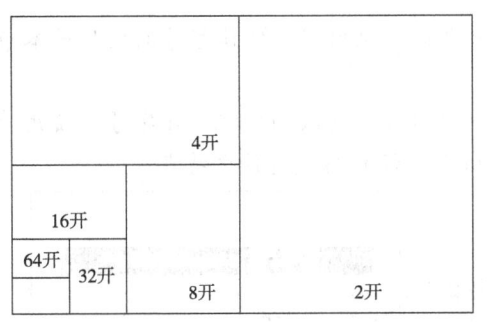 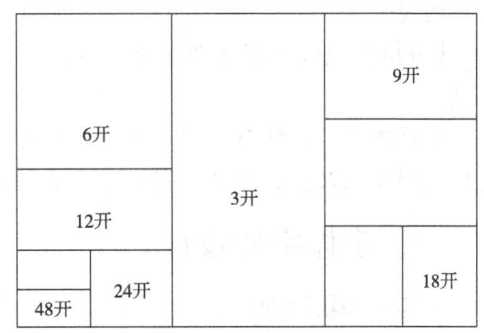

图 2-5　几何级数开法图　　　　　　图 2-6　非几何级数开法

表 2-1、表 2-2 是较常见的开本尺寸。

表 2-1　用 787mm×1092mm 类型的纸常用开本尺寸　　　　　　　　　　　　　mm

对开	4 开	6 开	8 开	16 开
762×533	381×533	381×356	381×276	185×260
18 开	20 开	24 开	32 开	64 开
175×251	185×210	175×186	184×130	92×128

表 2-2　用 850mm×1168mm 纸张开切成的开本尺寸　　　　　　　　　　　　　mm

大 16 开本	210×285	大 32 开本	140×203	大 64 开本	102×138

近年来，国内的一些期刊、画册逐步采用了"国际标准开本"。也就是以 880mm×1230mm 或 900mm×1280mm 大小的纸张，裁切成的 210mm×285mm、210mm×297mm 开本（A4）。

四、出血

"出血"也叫"露血"，是印刷上的术语。是指在印刷裁切时，页面上的图文被有意裁切掉一部分，这种现象叫"出血"。

我们在设计版式和封面时，有时为了追求某种画面效果，故意将版面的内容放置或放大到版面的边缘，不留页边距，待成品形成后，经过裁切的画面边缘内容就被裁掉3mm，这种现象在印刷中经常遇到，现在的封面设计基本都是这种"出血"设计。

开本尺寸是裁切后的成品尺寸，"出血"的版式和封面设计，尺寸要大于成品尺寸，这样裁切完成后的尺寸才与开本尺寸一致。一般最小裁切量是3mm，所以我们在设计"出血"的版面和封面时,切口边至少要大 3mm,留出裁切量。当然,如果不是"出血"的活儿,在拼版时要留出裁切量,俗称加刀,尺寸是两个 3mm。

第二节　版面文字设计

【任务】熟悉字体、字号的使用原则和常用字体特征。了解行距和行长的设计范围及一般规定。

【分析】通过观察下图引出任务,结合图例讲解知识内容。字体字号的使用是本节重点。

观察图 2-7,版面上有几种字体?它们设计时适合哪些版面内容?在字号的使用上有何区别?用尺量出字高和行距有什么关系?版面设计的格式有什么特点?

一、字体字号设计

字体是书籍版面内容的基本元素,它在书籍中占了绝大部分。目前常见的印刷字体有宋体、仿宋体、楷体和黑体四大类,每一类的字体又因设计者和生产字体部门的不同而各具特色。在选用字体时,必须与书籍的性质和内容、读者的爱好和阅读效果相适应。

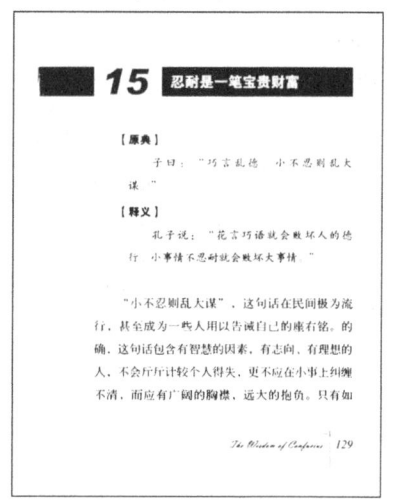

图 2-7　各种字体的版式设计

在版式设计之前,首先要确定正文的字体和字号,选择字体时要考虑书籍的不同内容、不同的目标读者等。目前常用的正文字体是宋体,某些很特殊的页面也可以用别的字体,如楷体、仿宋、细中圆等。大黑、中黑,还有一些很特殊的字体,如彩云体、琥珀体、舒同体等,只是适合做标题,不宜用在正文。正文多用宋体字时,可加插一些别的不同字体,能起到一种特别提示的作用。

(一) 字体、字号的使用原则

如果用一种字体或一种字号排成一本书,版面效果将是层次不分、单调乏味。但字体也不宜太多,一本书的正文通常只用 2~3 种字体。

在版面设计时,字体、字号的选择要遵循两个原则:一是选择哪一种字体、字号,注意功能与目的,有利于读者阅读。二是要注意字体、字号之间的相互关系,这是构成版面美感的重要因素。

书籍、报刊正文的字体,一般最常选用的是宋体(书宋、报宋),也可选用等线体、细圆体等。字的大小,一般不小于 5 号字(也称老 5 号),也可用小 4 号(新 4 号)或 4 号字。小 5 号和 5 号仿宋字体一般用于说明、目录、图表等处,也可用于辞书、字典、手册、书目等工具书。6 号字经常用于注解、说明、图表中,也可用于一些字典、词典等工具书。

标题字体、字号的选用，一般遵循的原则是：按标题顺序由粗到细、由大到小。在一般图书中，按篇、章、节等顺序来区分标题的层次，习惯上常称为一级标题、二级标题、三级标题，往往先确定一级标题的字体、字号，二级、三级标题依次缩小。如果一级标题为2号字，那么二级标题可为3号字，三级标题可为小3号字。如果标题的层次较多，字号不能满足要求时，可以用改变字体的方法来解决。另外，标题的字号还与版面的大小有关，如果是4开、8开的版面，最大的标题可选用小初或初号，甚至更大的字号。在16开版面中，标题可以用1号或初号字。

电脑排版的字体大小常以"磅"（P）为单位来表示。1磅＝0.35毫米（mm）。一般书刊常用的5号字，相当于10.5磅，即3.675毫米。4号字相当于14磅，3号字相当于16磅，2号字相当于22磅等。

（二）几种常用字体及其特征

（1）宋体。宋体起源于宋代，到明代才被广泛采用，也称明体，又称老宋，它是在刻书字体的基础上发展起来的。它的特征是字形方正，结构严谨，笔画横细竖粗，对比鲜明，在印刷字体中历史最长，应用最广，用来排印书版，整齐均匀，阅读效果好，具有端庄稳重的风格，是一般书籍正文最常用的字体。

（2）仿宋体。仿宋体是摹仿宋版书的字体，与宋体味道不同，但也是一种最常用的规范字体。笔画较细，横竖粗细一致，起笔处锋芒突出，横画微向上倾斜，笔法锐利，结构优美，且有挺拔秀丽、活泼自然的特点。仿宋体笔画瘦劲，不乏阳刚之气，适宜排诗歌、散文和短文，也常用于排引文、序言、跋（后记）、注文、图片说明和小标题等。但由于它的笔画较细，不够端庄稳定，阅读时间长耗损目力，因此不宜排印长篇的书籍。

（3）楷体。楷体的间架结构和运笔方法与手写的楷书差不多，故而显得亲切、流畅和谐，富有韵味。初学文化的读者容易辨认，因此适合排印小学低年级的课本和通俗读物，但由于楷体的字面面积小，间架不够整齐和规则，所以一般的书籍不用它排正文，仅用于短文和分级的标题。

（4）黑体。黑体笔画粗壮，横竖笔画粗细一致，方头方尾，所以又叫做方体。它结构紧密，庄重有力，朴素大方，但一般不适用正文，多用于文章的标题、书籍的名称。利用黑体所具有的视觉上的冲击力，可达到强调与醒目的效果。

在宋体字中还包括书宋、报宋、中宋、小标宋、大标宋、宋黑、粗宋等；仿宋体中包括长仿宋、粗仿宋；楷体包括各种楷书字体，如颜体、柳体、欧体、赵体等；黑体包括粗黑、长美黑、平黑、特黑等。此外，还有粗细等线体、粗中细圆体、彩云体、综艺体、琥珀体、各种隶书字体、行楷字体、舒体、魏碑、粗细倩体、雪峰体、黄草体、珊瑚体等（见图2-8）。

当然，由于计算机字库种类繁多，各种字体异彩纷呈，设计者可以根据书籍内容和体裁选择其他各种字体，但版面文字整体设计的风格要和谐统一，阅读顺畅、清晰、有条理，不能使人眼花缭乱，有碍阅读。

书　宋	书刊常用字体	美　黑	**书刊常用字体**
报　宋	书刊常用字体	细　圆	书刊常用字体
小标宋	**书刊常用字体**	隶　书	书刊常用字体
楷　体	书刊常用字体	华　隶	书刊常用字体
行　楷	**书刊常用字体**	舒　体	书刊常用字体
黑　体	**书刊常用字体**	魏　碑	书刊常用字体
大　黑	**书刊常用字体**	综　艺	**书刊常用字体**
细　黑	书刊常用字体	彩　云	书刊常用字体
仿　宋	书刊常用字体	粗　倩	**书刊常用字体**
琥　珀	**书刊常用字体**	黄　草	书刊常用字体

图 2-8　各种字体名称

二、字距、行距设计

　　字距是两字之间的间隔距离，行距则是两行文字之间的空白距离。字距、行距对整个版面的影响也很重要，不仅关系到版面的美观，更重要的是影响到阅读的流畅，字距、行距小了，文字之间相互干扰，容易跳行读错；字距、行距过大，使文字不能有较好的延伸，缺乏连贯性，会给读者带来很多不便。

　　目前，电脑打字、排版对字距和行距设计非常方便，有的电脑排版软件自动生成标准的字距和行距。书籍的行距通常是正文字号的1/2或3/4，但具体的书籍可根据其内容特点具体对待。有的为了节省篇幅，在不缩小行距的情况下，可以用小一些的字号或将字体压扁的方法来解决（见图2-9）。

　　　虞世南书法温润的气质与修长的体貌，一向是王宠书法风格的基调，尽管在形体上，经由对不同书家的学习，而参入不同笔法，甚或改变结构形体，从而被视为一种创新，或一种个人风格的表现，但虞书君子藏器的特点，从未消失在王宠的作品当中。
　　　　　　　　——摘自《书艺珍品赏析王宠》

（a）行距为正文字号的1/3

　　　虞世南书法温润的气质与修长的体貌，一向是王宠书法风格的基调，尽管在形体上，经由对不同书家的学习，而参入不同笔法，甚或改变结构形体，从而被视为一种创新，或一种个人风格的表现，但虞书君子藏器的特点，从未消失在王宠的作品当中。
摘自《书艺珍品赏析王宠》

（b）行距为正文字号的1/2

（c）行距为正文字号的3/4　　　　　　（d）行距和正文字号相等

图2-9　不同的行距效果

三、行长设计

目前我国的书籍基本上都采用横排式，也有少数古籍书采用自右向左的直排式，但是这种直排式不符合眼睛的生理机能，就生理现象而言，健康人眼的视野横看比竖看宽，根据实验，眼睛直看向上能看到55度，向下能看到65度，上下共120度。横看向外能看到90度，向内能看到60度，两眼相加为300度，除掉重复的50度，可视角度为250度，所以横排式更适合于人眼的生理机能，便于阅读。

版面文字设计的依据主要是方便阅读和版面的审美需要，既要保护读者的视力，又要符合人体工程学。根据科学测定，行长在100mm左右比较适合人的视线区域，因而也便于阅读，字行过长过短都会影响阅读效率，也使眼睛疲劳。所以一般32开书籍的行长多在80～105mm之间。16开书籍排双栏或三栏。

小32开排25～27个五号字；大32开排27～29个五号字。期刊因版心宽度大（为150mm），如用五号字或小五号排版可排成双栏、三栏，各栏也有宽度不一样，也可跨页，以达到页面版式丰富多样的活泼效果。"序言"、"编后记"可改用比正文略大号字排，或将版心适当缩小。

第三节　版面形式设计

【任务】了解现代书籍的基本版面形式和各种版式模式图，掌握篇章页设计的基本规律。

【分析】通过提问引出任务，并结合图例讲解问题，直观易懂。现代版面形式构成是本节重点。

分析图2-10的版面，哪一边是订口？四边空白有什么不同？分析图2-11版面，图片的摆放有什么规律？大图与小图的编排不同在什么地方？标题四周的设计为什么留空白？

图 2-10　文字版面形式图　　　　　图 2-11　图文混排的版面形式

一、版心

版心亦称版口，是指页面上的图文部分。版心的四周留有一定的空白，版心上面的空白叫做上白边，也称为天头，下面的空白叫做下白边，也叫地脚，靠近装订附近的空白叫内白边，也称为订口，相对应的外侧叫外白边，也叫做书口（见图2-12）。

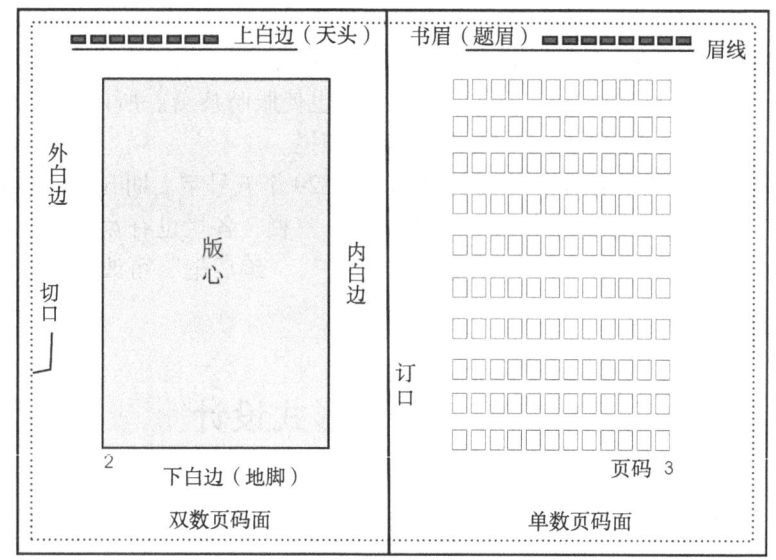

图 2-12　现代书籍的基本版面形式

四周白边有助于阅读，避免版面紊乱，有利于稳定视线，还有助于翻页和保护书籍内容。从美学上看，双页上两边的外白边比中间的内白边要宽些，在视觉上避免了版心向外散落。

目前我国大多数书籍的版心几乎都在页面的上下左右居中，也有的图书天头大于地脚，这种方式严肃庄重，阅读时也方便。国外书籍一般地脚大于天头，外白边留得稍微大一些，使读者阅读时能进行批注，从视觉心理上具有稳定感。一般来讲，理论书籍的空白边要留得宽一点，可以便于读者在空白处记心得体会，字典年鉴等工具书，白边可以留得少些，这样可以多容纳图文，相应减少厚度。在确定厚书的内白宽度时，必须注意订口不要太窄，太窄会使版心的内容缩进订口的隆起处，影响阅读。

另外版心设计和装订形式也有联系，国外都用黏合剂无线装订，书面都能推平，国内有些书籍用打眼平订装订法，书页不能摊平，订眼又占一定版面，因此在设计版心时可适当窄一些，而骑马订和锁线订的订眼不用占版面，书面能摊平，在设计版心时可稍宽一些。

二、版式设计的基本模式

（一）版心大小和位置

1. 等距离模式

19世纪，欧洲资本主义工业的兴起，机械印刷的诞生，使书籍的印刷摆脱了落后的手工制作。机械工业的大生产，为书籍的出版带来了一场革命。版心的四边都是等距离。这种有规律的安排，使书籍版式设计第一次出现了可依据的法则，我们称之为等距离的版式设计模式。

2. 约翰·契肖特模式

19世纪末20世纪初，出现了一位装帧艺术家约翰·契肖特，他对中世纪的《圣经》作了大量的研究，认为形式比例构成的节奏与和谐的美感，其本质是一种数学的秩序。他经过反复计算，认为开本比例为2∶3最美，版心的高度应该等于开本的宽度，版心的内、上、外、下四边比例为2∶3∶4∶6最适宜（见图2-13）。

3. 罗尔·罗塞利奥模式

装帧设计家罗尔·罗塞利奥，在约翰·契肖特研究的基础上，又设计出版面的九等份划分法：一个1/9宽度作为内白边，两个1/9宽度作为外白边；开本高度的尺寸为一个1/9高度作天头，两个1/9高度作地脚（见图2-14）。

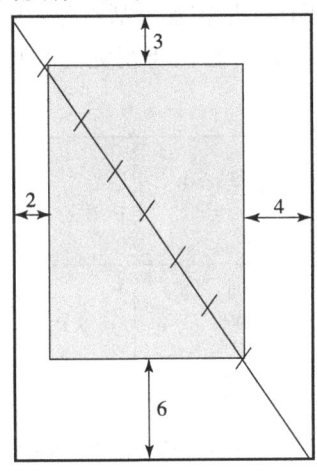
图2-13　约翰·契肖特模式

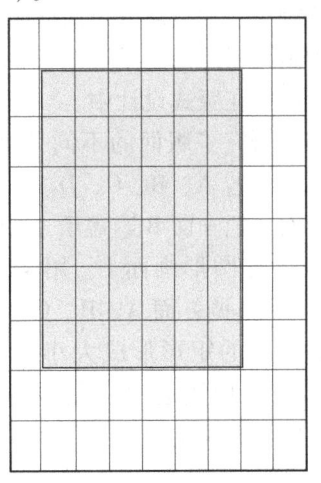
图2-14　罗尔·罗塞利奥模式

（二）图片网格版心

网格模式编排法，是杂志、画册、图文混排的一种版式设计的常用方法。这种方法给设计带来的好处是"规范"和"速度"，是一种有规律的、快捷的设计方式，图片网格编排法有很多种，下面介绍几种最常用的方法：

1. 12 等份网格法。由威尔·霍布久斯发明。他把版面竖向分成 8 等份，横向分为 12 等份，每一等份之间留一定的间隔，然后按图片的大小、多少，纳入网格之中。一面可以依照网格的规矩，放 1~4 张图片（见图 2-15）。

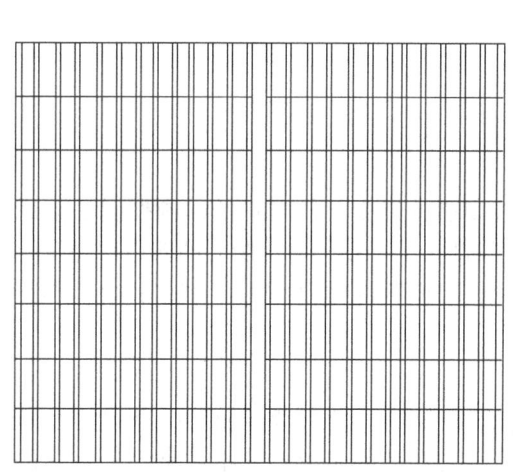

图 2-15　12 等份网格法

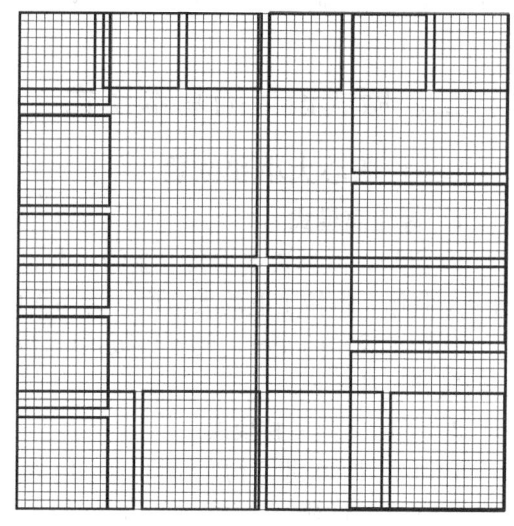

图 2-16　59 份网格法

2. 59 等份网格法，由卡尔·戛斯托奈尔创立，适用于正方形的版面，可将正方形版面分割组成 1 幅、2 幅、4 幅、9 幅、25 幅、36 幅画面。此网格法在版面设计中简便易行，效果很好（如图 2-16）。

3. 尼霍森分割原理，或称"整体中的各个部分的配置"原理。尼霍森分割方法讲究版面分割要主次有序、层次分明、彼此呼应、和谐得体。尼霍森分割原理对版式设计的最大贡献，就是提出了"版面的视觉中心区"的概念，并首次将视觉与心理学结合在一起，应用在版式设计中。

尼霍森研究了版面的不同分割会造成的不同的视觉心理，若 A、B、C、D、E、F 组成有相连效果的画面，把画面 B 遮盖于 A、C、D、E 之上，在画面 B 中作圆形画面 F，用来协调 A、B、C、D、E 方形的单调；而 A、B、C、D、E 为面积不等、比例不等的矩形形成大小不同的画面构图，各分割的矩形均接近中心点"G"，而造成向心感，使整体画面紧凑而不零乱（如图 2-17）。

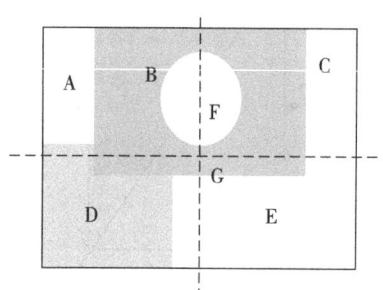

图 2-17　尼霍森分割原理

（三）竖排模式

现代图书的竖排模式，是从中国古籍木雕版书页的样式发展而来的。中国古籍木雕版线装书页面的样式，版心偏下，天头大而地脚小。书口或黑或白，象鼻、鱼尾构成了中国版式的独特形式。文字自上而下竖排于界栏之中，行序自右向左，与古代的书写顺序保持一致；版心四周单边或双边（文武边），将文字聚拢在版框之内（如图2-18）。

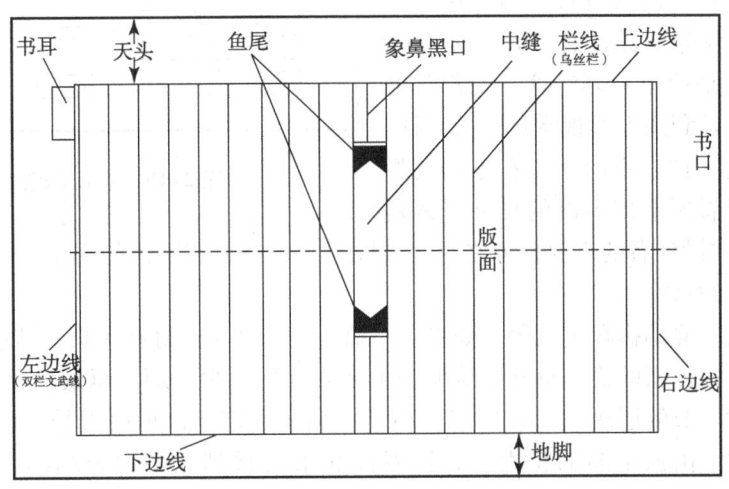

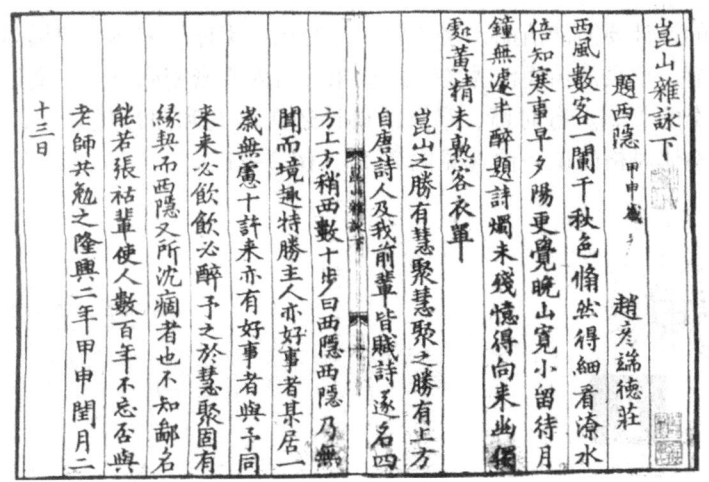

图 2-18　竖排版式

（四）图文混排的双版心模式

所谓双版心，是指版面的文字部分规定一个版心，再为图片规定一个版心，图片版心宽出文字版心。双版心设计的优越性，是图片在版面中获得更大的面积，使图片的可视内容得到充分展示（见图2-19。）而单版心是指图片设计在文字版心内部的编排方法。双版心设计法则与单版心设计法则相比：单版心文静、严肃、版面整洁；双版心灵动、活泼，版面有变化；单版心的文字比较突出，双版心的图片突出。

三、篇、章页的设计

篇、章页的设计是阅读的停顿和标题的强调，是人们在阅读过程中的小憩之地。有经验的编辑总是特别注意对篇、章标题的字体、字号和留白的设计。诸如用什么字体、多大的字号？标题上下留白是多少？位置是居中还是偏于一侧？这一切都是非常讲究的，它是利用人类视觉规律的设计。

研究不同字体、不同字号在不同的黑白空间中对读者所造成不同的视觉"入侵感受"，是版式设计者的重要任务之一。掌握对篇、章、节字体的文字设计方法，是设计者必须掌握的基本功。

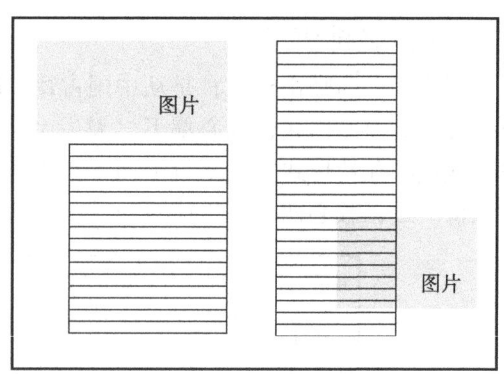

图 2-19　双版心模式

篇、章页一般编排在单页码，如果上一篇、章的文字恰好在单页码结束，接着的一个页码可以空白，新的篇、章标题从下一个单码开始。少数篇、章的标题在双码开始。另外，篇、章、节的层次，由大号字至小号字顺序选定。这种由大号字向小号字的过渡，造成视觉上由强至弱的梯次感，读者读起来会感到全书内容的结构分明、条理清楚。

篇、章页的设计要简洁清丽，字体要注意变化。黑体、宋体、扁黑体、扁宋体等可以交替使用。篇、章页简洁而清秀的形式意味，与内文密密麻麻的正文形成对比，给读者的阅读以节奏的美感。有时篇、章页的设计还用图案和照片做装饰，起到美观的效果，但要注意整体风格的统一性（见图 2-20、图 2-21）。

图 2-20　带装饰纹样篇章设计

图 2-21　标题和正文的留白设计

第四节　版面装饰设计

【任务】了解页眉、书口、页码等概念，掌握它们的设计方法。

【分析】在版式设计中，版心的四周白边可不可以进行装饰设计？怎样装饰？通过提问引出任务，结合图例讲解有关内容。页眉设计是本节重点。

版面的装饰设计，是指版面上除正文以外的装饰和点缀设计，一般与正文内容无关。版面的装饰设计，一方面使版面美观，营造温馨的阅读气氛；另一方面对书籍的内容起到检索和提示的作用。

在版面的装饰设计中，装饰内容往往出现在文多图少或纯文字的版式设计中，因为文字较多的版面通常使人感到沉闷、单调和乏味，所以在版式设计时似乎更注重版面的装饰意味，使版面产生艺术的美感。

而以图片为主的画册类书籍，添加的装饰太多，往往使版面混乱、繁杂。有时图片为了提高欣赏性和追求视觉的冲击力，设计时图片常常出血，使图片占满整个页面，有时连页码都不标注，装饰内容显然不宜出现。

为了使版面井然有序，避免凌乱，有助于阅读和美观，用一些装饰线来分割画面和安排图片，还具有设计的味道，是目前图片类书籍常用的装饰手段。

一般来说，版面的装饰设计包括：页眉设计、书口设计、页码设计、尾花设计和点、线、面的装饰设计等。

一、页眉设计

页眉通常是指设在书籍天头上比正文字略小的章节名或书名等，也可带有装饰图案，它也被称之为"眉标"。页眉不但使读者检索书籍更加方便，而且还能起到点缀整个版面的作用，页眉下有时还加一条长直线，这条线被称为页眉线。

一些以文字内容为主的书籍和大型的工具书，经常要使用到页眉和页眉线。杂志一般都有页眉，因为杂志的栏目比较多，页眉的内容主要是栏目名称，并且页眉也成为杂志的固定版式（见图2-22）。

二、书口设计

书口是版心的外白边部分。在设计版式时，细心的设计者在这块空间里充分发挥自己的想象力，使得书口设计成为书籍整体设计的一个有机组成部分。书口的内容和页眉差不多，所以一般页眉和书口不同时出现，以免内容雷同和形式琐碎。

图2-22　带有页眉设计的书版

第二章　版式设计

欧美的一些精装本，书口用金银装饰，显示出高贵、典雅的气质。有的还在书口处使用不同的色彩，区分不同的位置，起到帮助读者查阅和美化的作用（见图2-23）。

三、页码设计

页码是供读者查索的编排序号。一般都是从书籍正文的第一面（正面）开始至全书的最后一面，其他如序言和目录等另编页码，如果页数不多，也可不编页码。一般正文或篇章的开始都从1、3、5、7等奇数页算起。

所谓暗码，是指一些出血的图版或空白插页，为避免破坏美观，有页码而不标出来。

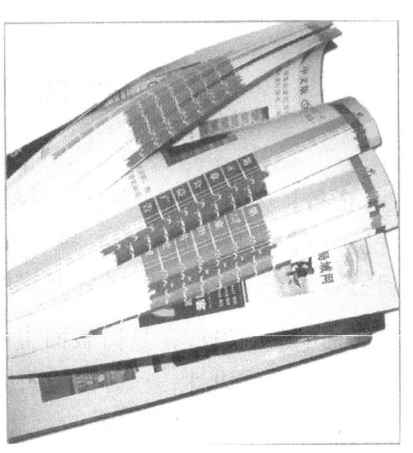

图2-23　彩色的书口设计

页码的位置多数放在书籍版心下面靠近书口的地方，也有的放在书眉上和书口的位置。页码字号一般都和正文字一样大或者小于正文字，字体用纤细一点的比较好，如宋体、细中圆等，有些阿拉伯数字用外文字体非常漂亮（见图2-24）。

页码除了实用外，还有装饰作用，可以在页码的边上添加一些圆点、小方块、装饰线等作点缀，但在页码上加过多的东西是没必要的，会起到喧宾夺主的反效果。

图2-24　活泼个性的页眉和页码设计

图2-25　带有尾花的版式

四、尾花设计

在篇、章、结尾的设计中，往往要留出适当的空白，甚至可以说，没有空白的版面是不可想象的。但是，如果在版面中出现了过于大片空白，版面就会显得空旷。于是，就要"补白"（见图2-25）。

补白，最常见的是对版式设计中篇、章的结尾空白进行处理，常常巧妙地安排一些精致的尾花，给予装饰。尾花不仅能点缀版面，用得好还可以成为文章内容的补充。

第五节　扉页设计

【任务】了解广义扉页的组成及其概念，掌握扉页的设计形式。

【分析】随便在学生桌上拿一本教材书，让学生翻开封面，问第一页是什么页？第二页是什么页？第三页是什么页？结合实物讲解知识内容，直观易懂。正扉页的设计是本节重点。

扉页是书籍的重要组成部分之一。书籍的扉页，有广义和狭义之称。广义的扉页是指封面或环衬与正文之间所有的页面，一般包括：①护页；②空白页、卷首插页或丛书名；（3）正扉页（书名页）；④版权页；⑤赠献页（赠献、题词、感谢）；⑥空白页；⑦目录；⑧空白页。狭义的扉页是指封面或环衬后的第一页，也叫正扉页。

扉页的出现是书籍阅读功能的需要，也是书籍审美功能的需要。扉页已经成为今天书籍不可缺少的重要组成部分。它除了向读者介绍书名、作者名及出版社名外，还是书籍封面向书芯的过渡，是书的前奏和序曲，因而是书籍内部设计的一张脸。扉页的设计能体现出书籍的内容、时代精神和作者风格。

扉页设计要考虑封面与书心的前后关系。这种关系包括两个方面：一是与封面、书心的节奏关系；二是与封面、书心的和谐关系。

空白页的使用有其独特的魅力。因为当我们翻开书时首先看见的是右页，所以右页比左页重要一些，因此将左页空白是为了加强右页的视觉效果并提高它的地位。有时在一些个性化较强的书籍中也常常将右页空白，这时空白页就是一种创意，一种风格了。

在扉页上一般没有页码，正文大多是从第3、5、7、9……页开始的，现在很多书籍正文是从第一页开始的。

一、正扉页

正扉页又叫内封或书名页，是扉页的核心部分。在现代书籍设计中，对正扉页的设计趋向简洁明快，内容较少，一般只有书名、作者名、出版社名称、出版地点及时间等。

在现代书籍设计中，正扉页比封面更加简洁，与正文的设计风格必须统一，给人一种一气呵成的感觉。正扉页的字体应该简洁、大方，书名文字明显、突出，著作者、出版社的名字的字体、字号得当，位置有序，不能给人零乱的感觉。色彩在正扉页上，经常用来突出书名，注意色彩的含义与书的内容相符，与封面相协调（见图2-26）。

二、版权页和护页

版权页原来是出版社"版权所有，翻印必究"的专利。现在的项目趋于完备，内容包括：图书在版编目（CIP）数据、书名、编著者、出版单位、责任编辑、校对、设计、发行、印刷、开本、印张、字数、出版日期、版次、印数、书号和定价等，是不可缺少的图书出版的标志。有的版权内容放置在扉页之后，也有的排放在全书的最后。每个出版社都应有自己固定的版权页格式,这是一种形象设计(见图2-27)。

护页最初的职能是保护书籍的,现在多作为一种装饰和鉴赏。在该页上的内容多是标语口号及纪念性文字,或是出版社标志,或是作者的签名及照片等,其设计风格简洁大方。

图2-26　正扉页和护页的设计　　　　　图2-27　版权页的设计

三、目录

目录是书籍内容的提纲,又叫目次,是读者迅速了解书籍内容的窗口。目录的设计要条理分明,表达出结构层次的先后顺序,并统一在整个书籍设计的风格之中。

目录的位置可前可后。科技类书籍的目录放在前面,因为它对书籍有着直接的指导作用;文艺类书籍的目录也可放在后面。目录设计时使用的字体及字号与正文基本一致,有时也可比正文字号小,如果题目不长,目录也可分两栏。

在题目和页码之间常采用点线相联,但这是一种传统的方式。可以放弃点线而缩短题目和页码之间的距离,也可以采用放置内文插图缩小的形式,根据书籍的内容,将内文的经典语句放在题目下面,也可将页码放在题目前面。目录的版式设计一般有按文章的前后顺序编排和按专栏集中编排两种方式。大多数的杂志采用后者,它能使读者很快找到需要的专栏和文章(见图2-28)。

四、序言、索引和附录

序言又叫序、跋、前言、后记或编者按语等,一般放在正文的前面,有时放在后面。作用是向读者交待出书的意图、编著的经过,强调重要的观点或者感谢参与工作的人等,对阅读书籍起指导作用,在设计时不要大过正文的字体(见图2-29)。

索引和附录总是安排在正文的后面,对读者阅读书籍起指导作用,在设计时字号不要大过正文的字号。但作为正文之外的部分仍可归在扉页里面。索引是把正文中的人名、地名或词条单独列出,通过分类等方法依次排序,标明页数,便于读者翻阅。它的设计一般要分为两栏或多栏，字号要比正文小。

附录包括与正文有关的参考书目、引证文章以及图录。在设计方法上与索引相似，内容多时可以分栏。

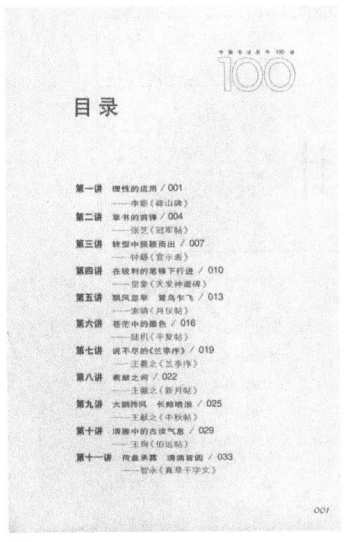

图 2-28　目录页的设计图

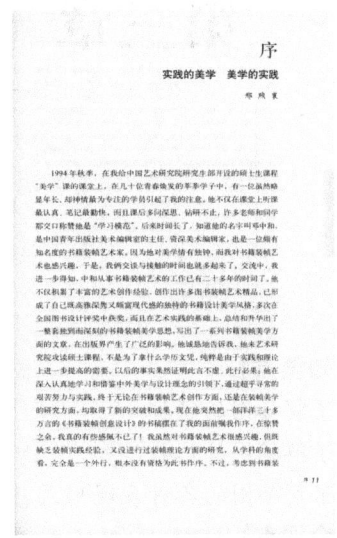

图 2-29　序言页的设计

习　题

1. 举例说明，什么是开本？
2. 决定开本设计的因素有哪些？
3. 如何理解出血？
4. 举例说明有哪些常用字体？
5. 标题和正文的字体字号有哪些设计原则？
6. 16 开本的行距和行长的设计范围是多少？
7. 单版心设计和双版心设计有哪些不同？
8. 广义的扉页设计包括哪些页面？

第三章

插图设计

【应知要点】
1. 了解插图的特征。
2. 了解插图的体裁。
3. 了解插图的各种表现形式。

【应会要点】
1. 熟悉肖像性插图的绘画技法。
2. 熟悉情节性插图的绘画技法。
3. 熟悉装饰性插图的绘画技法。
4. 熟悉插图编排的各种样式。

第一节 插图的特征

【任务】了解插图的特征。

【分析】书稿内容里有插图和没有插图有什么区别？书籍插图有哪些特征？通过提问引出任务，结合图例讲解有关知识内容。插图的从属性是本节重点。

我们这里所说的插图是指文学艺术插图。

插图是书籍装帧艺术的重要组成部分。插图与文学作品互相配合，可以更有效地发挥文学艺术作品的感染力和教育作用。一幅成功的插图不应是简单的文学内容图解，而应是在以文学作品内容为依据的前提下，充分发挥造型艺术的特长，显示出独特的艺术魅力，以补充文字、美化书籍，起到画龙点睛的作用，给读者留下深刻的印象。

插图，对于文字的内涵，是一种延伸，是一种升华。它为书籍这个盛纳知识的容器积聚了更为丰富的"含金量"。

鲁迅先生曾说："书籍插画，原意是在装饰书籍，增加读者的兴趣的，但那力量，能补助文学之所不及……"插图艺术与其他绘画一样，其创作方法和规律基本相同，但是它有其自身的特殊性，它的内容、形式、格调必须与其文学作品内容体裁相适应、相吻合，成为文学作品的辅助，同时还必须适应装帧需要，服从版面装饰要求，选取情节也要考虑到它的前后连贯呼应，要有整体的安排，否则会在整体关系上出现"力"的不均衡。

书籍的插图主要有以下三个方面的特征。

一、从属性

插图是从属于书籍内容的造型艺术，它能反映书籍内容的精神及作者的风格。从插图的应用功能而言，它不能离开书籍独立存在，必须是书籍的一部分。因此从形式、构图、方式、色彩、位置、大小、形状等方面来看，插图都与书籍的整体设计密切相关。

插图与书籍内容是配合在一起的，它不能任意表现与文学作品无关的内容，这就是插图与其他造型艺术的根本区别。插图艺术家既要从书籍的内容走进去，又必须从绘画的形象走出来，以鲜活的、可视的、生动的形象来感染人。如图3-1所示为宝莲灯的插图，画面内容紧扣书稿的主题，并起到书稿起不到的效果。

图3-1 《宝莲灯》插图

（洪涛 绘画）

二、独立性

书籍插图之所以称之为创作，是因为它也像作家创作文学作品一样，倾注了画家对作品的理解，溶进了画家自己的感情、想象力，通过画家的审美角度塑造出可视的形象。它本身具有很强的视觉艺术感染力。书籍插图既忠实于原作精神，又不完全受具体细节的制约，极大地丰富了作品本身的容量，发挥了造型艺术的优势，使其成为具有独立欣赏价值的艺术作品。

从属性与独立性之间没有矛盾，是不可分割的一对统一体。如果插图离开书籍内容，片面强调造型艺术的独立性，那就不能为文学作品起配合作用，也就不能称之为插图了。反之，只强调插图的从属性，插图就变成了书籍的附属品，不能发挥创造性，仅成为简单的图解，失去了插图本身的价值。

如图3-2《三国演义》中的"三顾茅庐"插图，它既服从于书的内容，突出书稿的主题，同时又溶进了画家自己的感情、想象力，通过画家的审美角度塑造出可视的形象，给读者留下很深的印象。

图3-2 "三顾茅庐"

（陈全胜 绘画）

三、装饰性

对书籍的整体设计效果而言，插图除了加强书籍内容的艺术感染力外，还有美化书籍的装饰作用，为读者营造出美感的视觉空间和特有的阅读氛围。插图既要表现内涵，又要在整个设计构思中体现出装饰效果。

第二节　插图的体裁

【任务】掌握插图的体裁。

【分析】通过对插图的欣赏，讲解插图的体裁。情节性插图是本节重点。

一、肖像性插图

肖像插图在中外文学插图中占有重要地位。在我国历代小说中，以绣像和插图的形式出现的都不乏精品。目前保存的历史最久远的插图是藏经洞（敦煌17洞）中发现的唐代咸通九年（公元868年）刊本《金刚经》的说法图。东晋时期《列女传》为我国最早的绣像本插图，相传为大画家顾恺之所绘（见图3-3）。近代画家也为书籍作了很多精美的肖像插图，著名画家张怀江、赵延年为鲁迅小说所创作的插图，其中阿Q、狂人等形象，更是肖像和情节性插图中的佳作，使我们广大读者更进一步感受和理解鲁迅先生原著的深刻。如图3-4、图3-5所示。

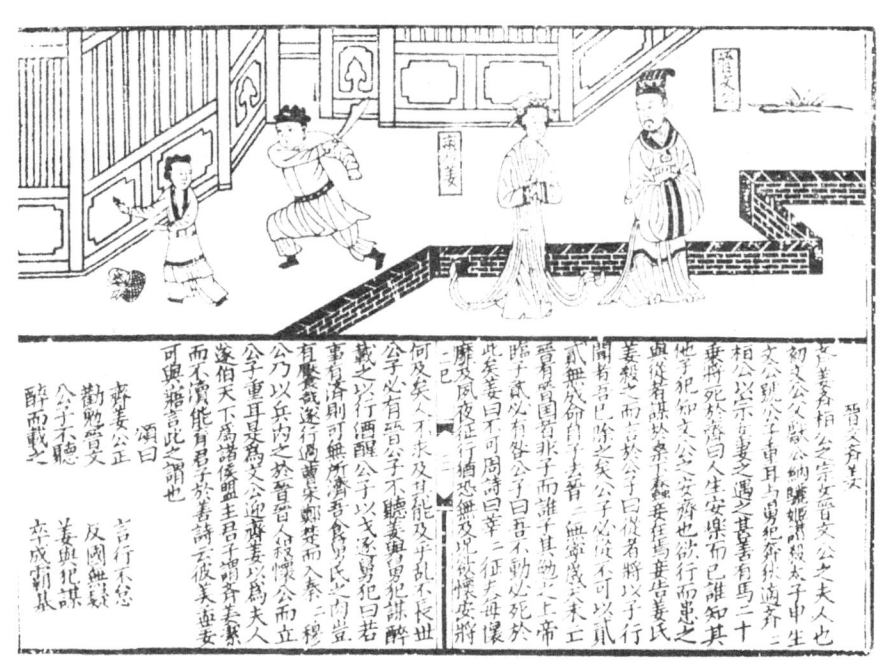

图3-3　《烈女传》插图

图 3-4　鲁迅像
（赵延年　作）

图 3-5　"娇娘"绣像
（陈老莲　设计）

二、情节性插图

情节性插图是通过文学作品中特定的情节来刻画人物性格。插图要表现一定的时间和地点，要有一定的故事情节。在绘制情节性插图时主要是通过一定的场景来表现主题。如图 3-6、图 3-7 所示。

图 3-6　鲁迅《闰土》插图
（司徒乔　设计）

图 3-7　茅盾《子夜》插图
（叶浅予　设计）

三、装饰性插图

装饰性插图是按画种分的。一种是图案化的描绘，而不是生活中的如实描写，对形

第三章　插图设计

象进行变形、夸张。图案化强调韵律、节奏、对称、均衡等形式美的基本法则，最大限度地吸收民间、民族传统艺术的装饰手法来表现人和物，它适合于一定文学的内容、体裁和写作风格，像民间故事、诗歌、神话、寓言等（见图3-8）。

图3-8　梁毅的杂志插图

另一类的插图，相对较小，在文章中的位置可活泼一点，表现的形象可以是局部，可以画有关的环境和道具，或者它的内容与文章内容没有直接的联系（当然在精神气质上必须与文章内容相协调），这类插图主要是起着装饰作用，图文并茂，相映成趣。题头图、辑页图、章前图、文尾图（尾花）等，构思上比较随意，变化的余地比一般插图更大一些。

第三节　插图的表现形式

【任务】了解各种插图的绘画技法和风格，熟悉插图的表现形式。

【分析】通过对插图的欣赏，讲解各种插图的表现形式。手绘是本节重点。

一、手绘

手绘插图以其特有的"灵活性"、"任意性"，使人们在接受过程中，产生一定的亲和力，便于直观的情感交流。手绘插图富有个性的线条、色彩、笔触、墨痕等要素本身就具有感染作用。好像在一篇秩序严整的印刷文字中出现手书签名一样，产生真切的人情趣味。

手绘可以用铅笔、毛笔、钢笔、蜡笔、水粉、水彩、马克笔、丙烯颜料、油画颜料等工具和材料进行创作，用素描、水粉画、油画、丙烯画、中国画、剪纸等艺术形式作书籍插图。发挥绘画工具和材料的特点，把某些工具和材料混合使用的特殊效果作为形式手段，着意加以强化，凸显其特有的品味，用有效的表现手法来丰富插图的视觉效果。

图 3-9　著名台湾插画家几米的手绘插图作品

二、木刻

我国古代各类图书插图，除少数手抄本手绘以外，基本都是木版水印。中国古代版画大部分都是插图，从某种意义上讲，中国古代版画史是一部插图史。纵观从唐至清 1000 多年木版插图，从题材内容、刻绘手法、艺术风格看，基本上是一脉相承。

到了明清，我国迎来了木版插图艺术的黄金时期。由于图书出版事业兴旺，北方以北京为代表，南方有福建建安、浙江杭州、江苏南京、苏州、安徽徽州等。其中徽版插图因黄氏家族世代相传的高超技艺，成为全国之冠，并传艺于各地，影响很大。如今木版插图已留下了很多脍炙人口的经典作品。随着经济发展，社会进步，木版插图越来越普及。20 世纪初，鲁迅对欧洲的木刻作了大量的介绍，并致力于新兴木刻运动（见图 3-10）。

图 3-10　《红岩》
（李少言 插图）

三、铜刻

铜刻《铜版画》是用铜版作为载体，因为铜版材料最适合雕刻和印刷凹版。铜版画的制作方法丰富多样，因此具有极强的观赏性。很多版画家根据自己的喜好和所要表现的题材来灵活运用表现方法；如图 3-11 所示德国绘画大师荷尔拜因的《肖像》，图 3-12 荷兰古典绘画大师伦勃朗的《祈》等。

四、石印

石印是德国人阿洛伊斯·塞内费尔德于 1797 年在慕尼黑发明的，属于平版印刷技法的一种。在印刷时，利用油水分离的原理，将油墨滚至版面进行印刷。这种技法后来被印刷界广泛流传，是今天最普遍的胶版印刷之母，19 世纪末，为多数画家所使用。

图 3-11 《肖像》　　　　　　　图 3-12 《祈》
（荷尔拜因 绘）　　　　　　　　（伦勃朗 绘）

五、电脑插图

电脑绘画插图是利用电脑软件及多种处理手段，除能仿制出手绘、喷涂、版画等效果外，还具有光源、亮度以及对物像轮廓边迹、结构、质地、色彩、体积、阴影、动感的检测与处理功能。如图 3-13、图 3-14 所示。

图 3-13　电脑绘画的不锈钢茶壶　　　　图 3-14　电脑绘制的陶罐

电脑绘画能将所需的设计效果在荧屏上快速地显示出来，并进行修整，方便快捷，这是手工绘制望尘莫及的地方。在电脑中，可以在屏幕上直接作图，也可通过扫描的方式，把图片信息送入电脑，再进行处理。鉴于电脑保存和处理方式的不同，一般将电脑中的图分为两大类：一类是矢量图（或称轮廓图），通常称其为图形；二类则是点阵图（也称位图），称其为图像。轮廓图形适用于线稿的表达，特别是适合于版面设计、改版。点阵图像适用于连续色调图片的表达。通常也把单色调层次变化及渐变色归入图形类。图像处理基本上是使用点阵图。

电脑图像处理材质、色彩和光感的能力令人惊叹，可达到与实物的纹理、质感相一致的真实程度，色彩的明丽度与粒子的细腻度远超过手绘。电脑处理能取代笔绘、刀刻及喷绘工具的表现，通过对颜色配比、光亮增减及色调反差的控制，将图片处理成各种艺术效果，诸如图像朦胧的"雾处理"；颜色梯度增减加强景深的"退晕"；"色调分离"利用压缩色彩层次达到减少色阶的目的，使颜色有跳跃感，使连续色调图像呈现出色彩斑驳的效果。此外，还有方格化的"马赛克"效果，将图像分成若干单元，并将每一单元中的像素色彩统一等。如图 3-15 所示。

电脑的使用能够把传统中无法表现的东西，随心所欲地表现出来。目前最为流行的一些图形图像编辑软件有 Photoshop、Illustrator、CorelDRAW、Painter、FreeHand、3DMAX 等。

（a）

（b）

图 3-15　《汤母的旅行》
（加拿大设计师　电脑绘画）

无论是何种形式的插图，在编排设计时必须与文字版面统一考虑，才能取得版面视觉和谐的效果。在进行版面设计时，插图的编排应注意：

（1）应将图的编排放在双、单两个页面（同一个视面）上来审视，从而找到插图的合适位置。

（2）插图的大小和黑白关系应与文字排版相协调，正文的字体、字号、字距、行距在版面上形成的灰度值与插图在版面上的灰度值在视觉上应趋于和谐或相映成趣。

（3）插图与它周围文字之间应留有足够的空白，以避免引起图文相互排挤（或排斥）的感觉；选择图注的字体字号应考虑与插图相协调，图注要贴近插图，使之成为图的一部分。

插图艺术要具有多方的艺术素质。要不断深入生活，研究人和物的关系，注意吸取和积累古今中外优秀作品的创意与风格。要有文学修养，至少要对文学作品有高度的洞察能力，能迅速地找出原著的形象、思维与主调。插图画家还必须具有较高超、较多样的绘画技巧和专业经验，才能出色地完成这一使命。

习 题

1. 插图有什么作用？
2. 插图有哪些特征？
3. 插图的表现形式有哪些？
4. 插图的编排注意哪些问题？

第四章 封面设计

【应知要点】
1. 了解封面的功能及各组成名称。
2. 了解前封、后封设计特征。
3. 了解书脊、勒口设计特征。
4. 了解封面设计的立意和构思。
5. 了解想象在封面设计中的重要地位。

【应会要点】
1. 掌握封面设计的尺寸计算。
2. 掌握书名设计的字体特征。
3. 掌握封面设计的图形类别。
4. 掌握封面设计的色彩处理。
5. 掌握封面设计的构图安排。

第一节 封面功能和组成

【任务】了解封面的功能，熟悉封面各个组成部分及其设计规律。

【分析】准备教具：准备一本带包封的精装书和一本平装书。

思考问题：书籍封面包括哪些内容？在设计过程中注意哪些问题？

通过提问引出任务，结合实物和图例讲解知识内容，直观易懂。前封设计是本节重点。

封面设计是设计者创作的"命题画"。封面设计既要使封面符合书的思想内容和体裁，又需具有独特的艺术构思和风格。在封面设计中，前封上要求出现书名、编著者或译著名和出版单位的名称以及其他辅助性文字。封面上的字体、装饰形象、色彩、构图要求能体现出书籍内容、性质、体裁，起到美化书籍的作用，使读者有愉悦之感，同时以其特有的形象符号向广大读者传播着信息。

一、封面的功能

封面是书籍的外表和标志，兼有保护书籍内页（书心）和美化书籍外观的作用。但是封面的另一个重要任务是：它能帮助书籍的销售，是读者的介绍人，它使读者"提起兴趣"，从而想"看个究竟"，便产生"一见钟情"或"耐人寻味"的效果。由此可见，封面是一种宣传手段，一种推销书籍的小型广告。

图 4-1 精美的书籍的封面
（1987 年法国出版的工具书）

简单地说，封面的功能是保护书心、美化书籍、推销宣传等（见图 4-1）。

二、封面的组成

封面，亦称书皮或封皮，也叫"书衣"。指包在书籍外部的整体，其中包含前封（封面）、后封（封底）、脊封（书脊）、勒口等内容。精装书籍的封面是由硬封和护封组成，硬封由于材料限制，上面只印有书名、著作者名和出版社名，高档的硬封采用烫金或压凹工艺制作。而护封上设计并印有各种色彩、图案和书名字体等，所以护封设计与简装书的封面设计差不多（见图 4-1）。简精装书籍封面，则是把精装书的硬封改为没有印制的特种纸。

1. 前封设计

前封又称正封，一般是指封面设计的正面部分，它是向读者传递信息最主要的展示面，要求传递的内容准确无误，前封上必须有书籍的名称，作者、编译者的名字，出版单位等。设计者为了突出主题，以鲜明而富有变化的字体、色彩和装饰图案，以多样化的艺术手法来展示书稿的思想内容和精神气质。有时，在经典书籍的封面设计中，前后封所用的材料极为考究，达到更好装帧效果。

1926 年 4 月许钦文著《故乡》，陶元庆设计封面，北新书局出版大 32 开毛边本。鲁迅先生称赞为"大红袍"的这个封面设计，已经成为中国书籍装帧史上的经典（见图 4-2）。

2. 后封设计

后封又称底封，是书的背面部分，它的设计值得注意几点：①与封面设计的统一性；②与封面设计的连贯性；③与封面设计的呼应性；④与封面设计的主从关系。

封底的内容包括：书籍内容简介、著作者简介、封面图案内容延续、补充和重复、责任编辑、装帧设计者署名、条形码和定价。这些内容除条形码和定价必须有外，其他内容根据需要而定（见图 4-3）。

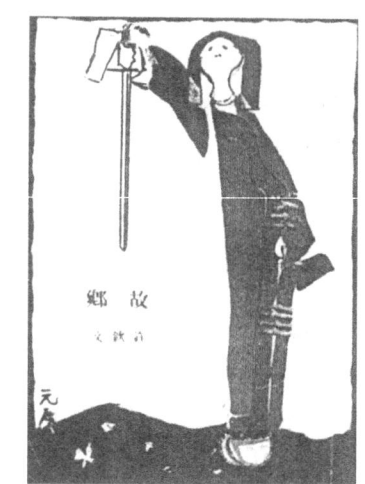

图 4-2 前封的设计

图4-3 后封设计的格式和色彩
(〈三希堂画宝〉，邓中和 设计)

3. 书脊设计

亦称脊封，从外观效果来讲，它是除封面外，第二个引人注目的地方。书脊上必须标有书名、编著者和出版单位等。当书籍放在书架上陈列时，展现在读者眼中的首先就是书脊，所以一般经典书籍和精装书籍要作精心设计。不管是字体、色彩、还是图案，都要美观、醒目、易认、视觉冲击力强（见图4-4）。

在设计时，如果书脊的色彩与前后封的色彩不同，必须算准书脊的厚度，否则书脊的内容会出现在封面上，或者封面的内容出现在书脊上，从而造成不良的后果。

图4-4 套书的书脊放在一起形成一个图案
(〈巴金选集〉，张守义 设计)

4. 勒口设计

勒口，是指书籍封面和封底的书口处延长若干厘米，向书内折叠的部分。精装书籍的包封必须有勒口，依靠勒口使包封依附在精装书籍的内壳上。平装书籍也可不要勒口，显示出一种实用而简洁的美。但目前平装书籍的勒口也很多，一是为了美观，二是防止封面向外卷曲。书籍的勒口可宽可窄，一般以封面宽度的二分之一或稍窄一些为宜（见图4-5）。

勒口的作用有以下两个方面。

（1）勒口的审美作用。

以前我国的平装书开始出现勒口的时候，大多数勒口都是空白，或者只是封面色彩的延伸而已，随着时代的发展，设计者逐渐把勒口视为装帧整体设计的一个重要组成部分。勒口上的要素与封面上的主题图案相呼应，酿造着装帧整体的旋律。

（2）利用勒口为读者提供更多的信息。

体现在以下三点：其一、在勒口上印书籍广告，介绍最近出版的新书书目。其二、勒口印上书籍作者的肖像和简历，使读者在看书之前就对作者有一个基本的了解，无形中缩短了读者与作者的距离，增添了几分亲切感。其三、勒口印上书籍的内容简介或内容梗概，有的只印几句提示性的话，使读者对书籍内容先有个大致的了解。有的勒口还印上作者的一首小诗，使勒口显得别有情趣。

图 4-5　带勒口的封面设计
（黑龙江美术出版社出版）

第二节　封面的构思

【任务】了解封面的立意和构思。

【分析】结合图例讲授知识内容。创造典型的艺术形象是本节重点。

所谓构思，就是当题材确定之后，要表现什么，如何表现书稿的内容、主题，在画面上通过什么形式去反映主题思想，这样的思索过程我们称之为构思过程。构思的方法主要是想象，想象是构思的基点，想象以造型的知觉为中心，产生明确的有意味形象。我们所说的灵感，就是知识与想象的结晶，想象是构思的源泉。张宇光先生曾说过"装帧设计要先做加法，后做减法"，其实做任何设计都是如此。构思过程之初要挖空心思，多画草图，多出方案，最后再审定和筛选。

一、深刻理解和感受书稿的内容

书装设计的立意，首先来自对书稿的感受和理解，这是书装的从属性所限定的。封面，它必须典型地概括书稿的内容和气质；只有真正地了解书稿的内容、性质、特征，才能确定设计的格调——是严肃，还是活泼；是雄浑，还是纤秀；是哲理，还是抒情等。不同性质的书稿，应该有不同格调的设计。理论书籍无疑地要区别于童话故事，古典戏曲必然地区别于现代诗歌。

应该说，设计者的生活阅历愈广，文化修养愈高，对书稿的感受和理解也就愈深，比较容易抓准书的基调，特别对于一些巨著，不经过深研细读，很难把握其中的精髓。

古典名著《神曲》，是中世纪意大利文艺复兴先驱但丁的代表作。诗人以自己想象中经过地狱和炼狱到达天堂的历程，揭露当时人世的黑暗现实。上海译文出版社的陶雪华为《神曲》设计封面，她没有图方便而借用原著精美的插图做简单的拼凑，去再现地狱、净界、天堂；也没有利用诗作的某一具体情节去展现亡灵、上帝和作梦幻旅行的主人公但丁。只是通过单纯、简洁的图案形式，在封面上仅画了一片缀满星星的"夜空"——大面积的黑底，排列着整齐的白色星点。这反映了设计者对《神曲》一书有深刻的理解（见图4-6）。

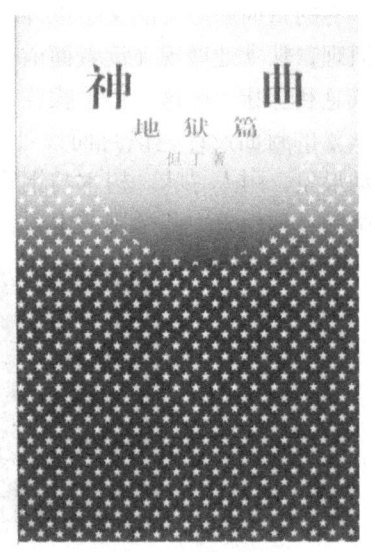

图4-6　《神曲》封面
（陶雪华　设计）

《神曲》三部《地狱篇》、《炼狱篇》和《天堂篇》的最后结尾竟都是以"星辰"一词结束："我们从那里走出，又见到繁多的星辰"（《地狱篇》）、"一身洁净，准备就绪，就飞往星辰"（《炼狱篇》）、"爱也推动那太阳和其他的星辰"（《天堂篇》）。星星，连接着地狱、炼狱和天堂，它是"由卑下趋向高尚，由罪恶趋向至善，由黑暗趋向光明"的象征，它是诗人神学信仰的世界。

陶雪华的《神曲》封面，恰到好处地与长诗所特有的梦幻文学形式相吻合，那寓意夜晚的星空，幽静、深邃、神秘，使人产生无限的遐想。很显然，如果不是对原著有深刻的感受和理解，是不可能捕捉到那闪光的星点，更不可能拿这一不起眼的星星作为封面的造型语言。

罗丹曾说："所谓大师，就是这样的人，他们用自己的眼睛去看别人看见过的东西，在别人司空见惯的东西上能发现出美来。"作为艺术家要不断地加强自身的素养，素养高了，才能发掘出生活中真正美的东西。综合的素质、丰富的生活积累、精湛的表现手段是取得佳作的必备条件。

二、创造典型的艺术形象

爱因斯坦曾说："想象比知识更重要，因为知识是有限的，而想象力概括着世界上的一切，推动着进步，并且是知识进化的源泉。"可见想象力在艺术家的知识结构中的重要地位。想象与文化基础和生活阅历是分不开的，也是人的大脑进行横向思维的一种能力。通过丰富的联想和想象，进行不断的提炼和完善，最后创作出典型的艺术形象。想象要同艺术表达结合起来，好的想象要应用艺术处理手段，才能给人视觉的愉悦，我们有些时候看到的一些封面，如政治性、学术性很强的著作，与文学艺术读物不同，一般没有具体的形象，不像文艺作品那样具有众多的情、景、物，而偏重于严密的逻辑与哲理。而封面设计要凭借视觉可以感知的造型形式来表达抽象的概念，就是要求我们张开想象的翅膀，努力去创造艺术形象和意境（如同现代广告中的"创意"设计），发挥移情作用，为读者提供联想的线索，尽力给他们开拓一个多侧面、多层次、多角度、多走向的美妙空间。

有的封面除必要的文字以外，简约到了毫无装饰，只是一片素净的底色或仅是材料的肌理，默默地展现在读者面前，然而，它使人能听到无声的叙述，并感受到某种内在的气息和意味……这，似乎朦胧又可感悟、令人遐思神往。如图4-7所示是《临床骨科学》的封面设计，该封面设计是用树木的对接发出新芽来比喻医学接骨的科学性，生动形象，耐人寻味。树木与钢管形成个"人"字形，暗示以人为本，充分显示出设计师的卓越想象力和运用艺术语言的能力。

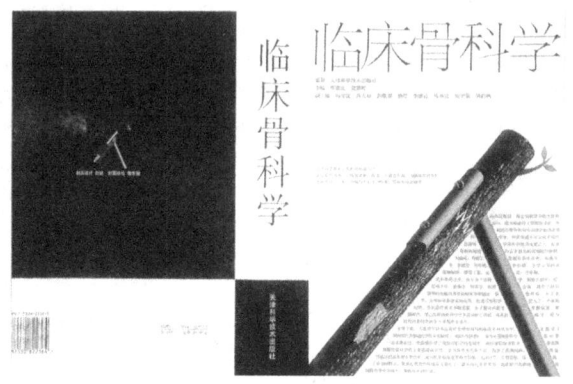

图4-7　《临床骨科学》封面设计（白姑 设计）

我们说，设计的难度，正是构思角度的选择，它是"外师造化，中得心源"、"追求第二自然的形象思维活动过程"，这其中包含了对原著内容的溶解、提炼和剪裁。

艺术的创作活动，有时在意外中可得到启示，问题是如何与人脑中所储存的丰富知识相碰撞。一个艺术家，对现有素材资料进行持续思考，反复推敲、探索，直到思维饱和，这是产生灵感的前提，"灵感"是知识和想象的结晶，虽然有时一闪而过，带有偶然性，但这也是我们平时要关注的。

有位哲人说："最杰出的艺术本领就是想象。"这里的"想象"不是指"再现性想象"，而是"创造性想象"。

唐代诗人王之涣这样写道："白日依山尽，黄河入海流；欲穷千里目，更上一层楼。"此诗作给读者展现的就是一幅优美的风景画，这种文字的描绘，就能诱发再创作的灵感。而纯学术性的文字，似乎很少能提供这种形象思维的契机。

意境是情景交融的艺术形象。在封面的构思过程中，起点要高，立意要新，只有不落俗套，别出心裁，才能达到不同凡响的境界。封面设计的意境，只能通过形象思维来完成。形象与情感交融于艺术想象的活动之中，离开形象的情感不是艺术的情感，离开情感的形象也不是艺术的形象，正所谓"情不虚情，情皆可景，景非滞景，景总含情"。

如图 4-8《诡辩论》、《论辩论》这两本书籍的封面设计，书稿文字本身无论是直接或间接都不能提供某种形象，这种设计用纯抽象意味的形式表现书稿内容，这种想象是创造性想象。《诡辩论》的封面是表现人们用活跃思维和善于更换角度看问题；《论辩论》的封面是表现双方针锋相对的辩论情景。这两个封面设计，是将人们对问题的理解转化为视觉的形式意味，构思巧妙，创意独特。

图 4-8　纯抽象的创造性想象

（邓中和 设计）

第三节　封面设计尺寸计算

【任务】掌握计算封面尺寸的方法。

【任务】准备教具：一本带勒口的书籍。

思考问题：教具这本书的开本尺寸是多少？它的封面设计尺寸如何计算？

通过实物和提出问题引发思考，并画图讲解知识内容。

我们现在所说的封面，是指封面、书脊和封底三部分，有勒口的还要加上勒口。

书籍封面的设计尺寸往往与封面成品尺寸不同，因为封面设计多为"出血"设计，也就是说，我们在设计封面时先把裁切量（3mm）加进去，所以在设计时尺寸要大于封面成品尺寸。当然在拼版时，切口就不用加裁切量了。

下面我们用公式表示封面设计时的尺寸：

书脊厚度 = 单张正文纸厚度系数 × 页码数/2 + 边胶厚度

封面设计的宽度尺寸 = 成品书宽 × 2 + 书脊厚度 + 勒口尺寸 × 2 + 裁切量 × 2

封面设计的高度尺寸 = 成品书高 + 裁切量 × 2

如一本小 16 开本书籍，成品尺寸为 185mm × 260mm，正文使用 60g/m² 胶版纸，封一、封四各带勒口 80mm，正文部分共有 324 个页码，请计算该书封面的设计尺寸。

书脊厚度尺寸：0.073 × 324/2 + 1 = 13（mm）

封面设计的宽度尺寸：185 × 2 + 13 + 80 × 2 + 6 = 549（mm）

封面设计的高度尺寸：260 + 6 = 266（mm）

该书封面设计时整个画面尺寸为 549mm×266mm（见图 4-9）。

我们在设计封面之前，根据书籍的开本设计尺寸，采用的正文纸张材料和所有正文的页数，计算出封面设计的长宽尺寸，然后确定画面大小，再在确定好的画面上进行设计和制作封面。如果采用电脑设计，也是根据计算出的长宽尺寸，先按计算出的尺寸设定页面大小，然后在设定好的页面上进行精心设计和制作封面。关于电脑的设计和制作在实训中有详细介绍。

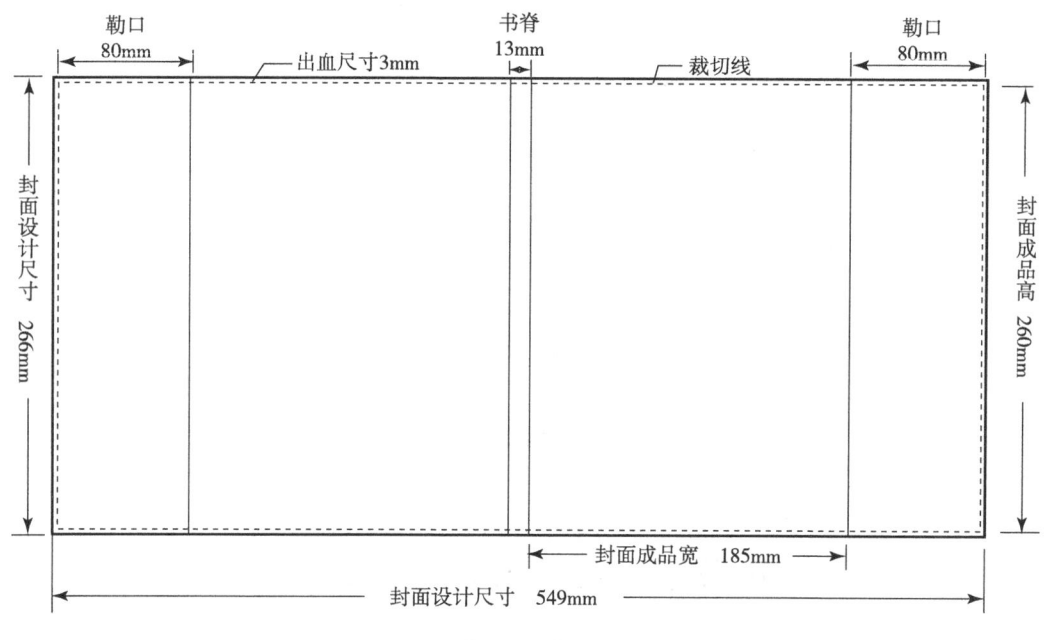

图 4-9　小 16 开封面设计尺寸

第四节　封面的设计元素

【任务】掌握封面设计的各种元素。

【分析】想一想，封面设计由哪些元素构成？它们在设计时如何安排和处理画面？以提问的方式引出任务，结合图例讲解知识内容，直观易懂。构图和色彩是本节重点。

文字、图形、色彩和构图是封面设计的四个元素。

一、文字

在封面设计过程中，文字是封面设计中必不可少的组成部分。一本书籍封面的文字部分包括书名、作者名和出版社名，其中书名字体是文字部分的主要项目，也是最醒目的。书名字体设计是否合理，关系着封面设计的成败。

封面的书名字的设计具体分为两大类：一种是美术字体，一种是书法字体。

美术字体又可分为电脑字体和设计字体。电脑字体是指不用人工设计，而是电脑字库中现成的各种字体（见图 4-10～图 4-12）；设计字体是靠设计者设计出来的具有独特风格的美术字体，这种字体设计味浓，有艺术个性，应用起来更能符合书籍的内容和体裁（见图4-13~图4-15）。

图4-10 《非凡》
（林胜利 设计）

图4-11 《历代檄文名篇选译》
（邓中和 设计）

图4-12 《实话实说西花厅》
（许欣 设计）

图4-13 《泡沫之夏》
（小贾 设计）

图4-14 《月光下的魔语》
（梁智刚 设计）

图4-15 《儿童简笔画》
（黄巍 设计）

书法字体是指用毛笔或其他笔随意写出的各种字体，包括篆书、隶书、楷书、行书、草书等。书法字体自由随意，形式活泼，有利于抒发情感，散发着传统文化气息，应用好能更准确地表达书籍的内容和体裁。如图4-16~图4-18所示。

不论是美术字体，还是书法字体，在封面设计时都是同等重要的。它们没有好坏之分，只有适合或不适合，因为内容决定形式，书名字的设计都要根据书稿的内容和体裁选择适合字体。

二、图形

图形设计是封面设计中主要部分。图形有具象和抽象之分，具象图形中分为写实风格和装饰风格，在表现手段上有摄影图片和绘画图形等。无论是摄影图片还是绘画类图形，都要通过电脑扫描，在电脑中进行艺术加工与处理。

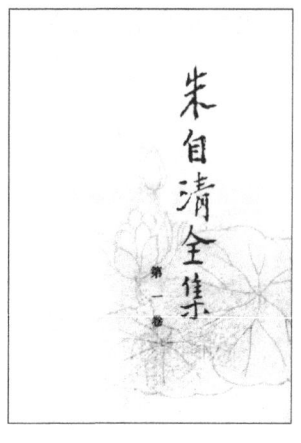

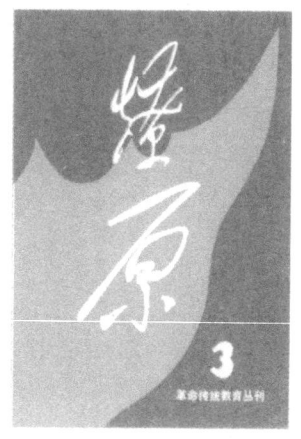

图 4-16 《朱自清全集》
（邓中和 设计）

图 4-17 《民国掌故》
（虞刚 设计）

图 4-18 《燎原》
（边含真 设计）

（一）摄影

摄影图片作为设计元素之一，目前使用率较高。照片在封面设计中，用法有多种：以历史题材为主；以地域风情题材为主；以人物传记题材为主；以象征手法表现题材；也有的以装饰性的背景图形为主，使用范围相当广泛。

具体的设计手法有"直白"和"变化"两种手法。所谓"直白"的手法，是指把照片不加改变地用在封面上，这种封面显得真实、明快、自然。但是，随着电脑设计的普及和装帧设计艺术的发展，许多设计者开始在使用照片时寻求变化，力图在变化中酿造各种新颖的形式意味，为装帧增添更多的美感。

照片在封面设计中不仅是一种增强感染力的手段，更是设计者制造形式意味的素材，这在当前书籍装帧设计中表现得尤其突出。在设计时，利用电脑把照片变形或虚化，使原来的照片改变了原有面貌，成为装帧设计构成的一部分。如图 4-19～图 4-24 所示。

图 4-19 《流产的革命》
（邓中和 设计）

图 4-20 《东史郎日记》
（虞刚 设计）

图 4-21 《20 世纪风云人物》
（邓中和 设计）

图 4-22　《人生的归宿》　　　图 4-23　欧洲书籍封面　　　图 4-24　《佛罗伦萨在哪里》
　　（康笑宇 设计）　　　　　　　　　　　　　　　　　　　　　（张志伟 设计）

（二）绘画

绘画这里指区别于摄影之外的所有绘画表现形式，无论采用何种工具（包括电脑）和画种，都把它归为绘画类。绘画类图形包括写实性绘画、装饰性绘画（字体图形）和抽象性绘画，当然它们有时也没有明显的界限，只是侧重于哪一方面。下面分别介绍。

1. 写实性绘画

写实性绘画是较真实地描绘具象图形的一种表现方法，这类图形具有较强的真实性与亲和力的特点。如图 4-25～图 4-27 所示。

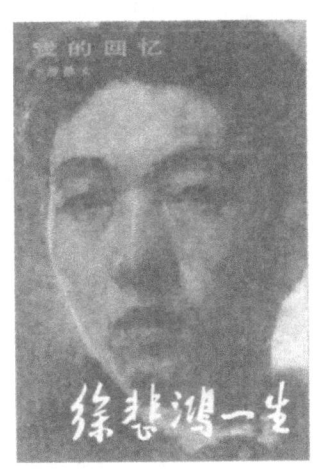  

图 4-25　《徐悲鸿一生》　　　图 4-26　《红旗谱》　　　图 4-27　《牛虻》
　　（秦耘生 设计）　　　　　　（黄胄 设计）　　　　　　（李恒臣 设计）

2. 装饰性绘画

装饰性绘画是通过夸张、想象、虚构、省略等变形手法，使图形更美、更简练，更具有装饰味。装饰性绘画是设计和绘画相结合的产物，它与写实性绘画相比，表现出很强的意味和寓意，在平面设计中应用比较普遍。另外，装饰图形的设计和绘画，往往是与计算机共同完成，这样更为方便快捷。如图4-28～图4-30所示。

图4-28 《翼王伞》　　　　图4-29 《彷徨》　　　　图4-30 《国外最新童装图案
（章桂征 设计）　　　　（陶元庆 设计）　　　　设计》（冯忆南 设计）

3. 字体图形

字体图形是指通过创意，设计出来的变体字，分为美术字体和书法字体。有时书名设计成字体图形，占画面的大部分。这种字体图形，多用于文化艺术类书籍或内容较抽象的书籍。虽然是字体设计，但它的形式往往侧重于图的形式美，讲究变化，视觉冲击力强。比一般图形在信息传达上更加直观准确，有一定的文化味道。设计者可根据文稿内容和自己的设计习惯进行构思设计。如图4-31～图4-33所示。

 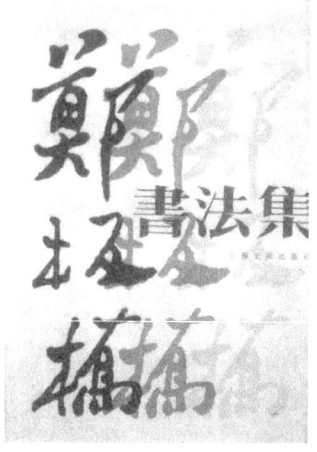 

图4-31 《中国书法艺术》　　图4-32 《郑板桥书法集》　　图4-33 《清史研究丛书》
（祝东平 设计）　　　　　（潘小庆 设计）　　　　（祝东平 设计）

4. 抽象性绘画

抽象性绘画是指图形辨认程度的不清晰和不确定性，是设计者依靠丰富的联想，将抽象的理论予以形象化的艺术创造，同时也给读者留下想象的空间；还有一种是平面构成艺术，它是按视觉艺术规律，把点、线、面相互交织、融合、渗透、依存、烘托，形成一种秩序和韵律，组成一个绚丽多姿、奇妙无比的画面。如图4-8、图4-34、图4-35所示。

图4-34　《叶灵凤书话》
（汪二可 设计）

图4-35　《文明的困惑》
（胡杰 设计）

三、色彩

色彩，在绘画中被称为第一视觉语言。科学研究表明，人们在观察对象时，视觉的第一印象是对色彩的感觉。在视觉艺术中，色彩常常具有先声夺人的力量。所以我们在设计封面时，色彩设计是很重要的一项。

色彩有色相、明度、饱和度三个属性。色相是色彩的相貌，就是我们常说的是什么颜色；明度是某种色相的亮度，也就是色彩的明暗程度；饱和度是某种色相的纯净程度，有人也叫鲜艳度。

色彩作为一种感觉，它也有心理反应，如冷或暖、轻或重、软或硬、前或后等。从色相上看，红、橙、黄这一范围颜色给人温暖的感觉，是暖色调；蓝到绿到紫这类颜色给人寒冷和沉静的感觉，是冷色调，色调的冷暖是相互比较而存在的。

关于封面设计的色彩问题谈以下几点。

（一）色彩的基调

基调就是一幅画面色彩的总体倾向，也叫色调。基调是靠色彩面积（用色量）来决定的，如果某一种颜色集中或分散地占有相对大的面积，那么这种色彩就是整个画面的色彩倾向，也就是画面的基调，画面中其他少量各种色彩都统一在这基调里。有时色彩基调是一种感觉或心理因素决定的，如暖色调、冷色调、亮调、暗调、鲜调、灰调等。和一首音乐必须有一个主旋律一样，一幅画面必须有一个色彩基调，否则，整体色彩就会杂乱，不和谐。例如第五章精品赏析与借鉴中的作品，都是画面基调非常明显的例子，大家可以自己分析。

（二）色彩的对比

两种或两种以上的色彩能比较出它们之间的明确差别时，就称为色彩的对比关系。色彩的对比，包括色相对比、纯度对比、明度对比和冷暖对比。同色相不同明度对比；同色相不同纯度对比；不同色相不同明度、不同纯度对比等。通过色彩对比，突出重点，表现黑、白、灰的层次关系；通过色彩对比，画面的色彩更加响亮，绚丽多彩。

色彩的明视度是通过色彩的明度对比刺激视知觉的程度。在封面设计中，书名字的设计明视度最高，这是书籍的功能性所决定的。（参考第五章作品进行分析）

（三）色彩的调和

当画面的色彩丰富多样、对比强烈时，画面的色彩会很杂乱、刺目，怎样使画面的色彩既有对比又统一协调呢？这就需要进行色彩调和。

色彩调和是把两种或两种以上的色彩，通过有序、和谐地组织，产生美的色彩关系，美的色彩关系就是调和，不美的色彩关系就是不调和。

色彩调和有以下几种具体方法：

1. 同一调和

同一调和是在不同色彩双方或多方同时混入一种颜色，如白色、黑色、灰色或任何一种颜色，使整个画面的色彩向混入的这种颜色改变，达到色彩趋于同一的目的，这种方法称为同一调和。下面以红和绿为例说明，如图4-36所示。

图 4-36　同一调和

2. 互混调和

互混调和是将画面的两种颜色互相搀杂或混合，你中有我，我中有你，以达到色彩调和的目的。如图4-37、图4-38所示。

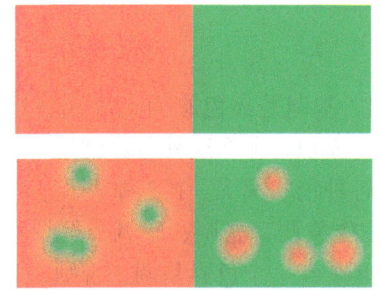

图 4-37　下面互相搀杂色彩比上面的调和　　图 4-38　下面互相混合色彩比上面的调和

3. 面积调和

在强烈刺激的色彩双方或多方，改变某一方色彩的面积，使某一色彩的面积占绝对优势，其他色彩都处于被统治地位，这样也能达到色彩调和。大面积的色彩形成画面主基调，如图4-39所示。

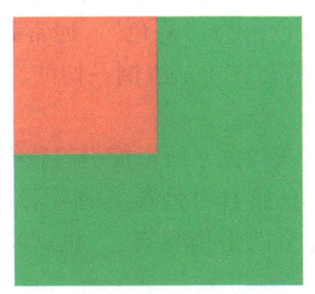

图4-39　色彩由刺激变为调和，绿色形成画面的主基调

4. 连贯调和

可用中性色（黑、白、灰、金、银），使画面的各种颜色间隔起来，使强烈对比的色彩脱离接触，也能达到色彩调和的目的。如图4-40所示。

图4-40　右图用黑色连贯比左图调和

5. 秩序调和

把色彩双方或多方进行相互渐变，使画面中的一种色彩向另一种色彩逐渐过渡，也能达到色彩调和的目的。奥斯特瓦德曾说："调和等于秩序。"如图4-41所示。

图4-41　下面渐变的色带比上面的色带调和、美观

色彩的调和是一个非常复杂的综合性问题，在色彩对比的所有形式中，同样受调和的约束，所以色彩的对比实则是以对比为主的调和。我们研究色彩的对比和调和的目的，实则是研究色彩的搭配，也就是说只有调和的、符合目的的色彩搭配，才是美的色

彩关系，从而取得良好的色彩效果。

（四）关于复色及黑、白、灰、金、银色的运用

1. 复色

复色亦称第三次色，一个原色和一个原色的混合色叫间色。两个间色混合或一个间色和一个原色混合，调出来的颜色称为"复色"。通常我们可理解为"灰颜色"。印象派大师塞尚曾说："在自然界里只有它才是压倒一切的，但是，要想抓住它，那可绝不是一件轻而易举的事情。"

通过研究灰颜色使用发现，灰颜色之所以能引起我们注意，是因为它最接近人类生存环境的柔美色彩，最适应人们的感官对色彩美的需求。生理学家赫林（德国）说过："中间灰色在眼睛中产生一种完全的平衡状态。"也就是说眼睛和大脑需要中间灰色，缺少了它就会不安稳。

复色比原色和间色有着更丰富的变化，搭配起来更容易调和。复色的丰富变化能更广泛地适应色彩情绪的多种需求。各种复色的组合，只有通过冷暖和鲜艳度的对比才能使各自的色彩倾向得到明确。一种色彩和不同色彩相邻时可以产生不同的色彩倾向。如图4-42万夏和宋丹设计的《中国古镇游》；图4-43 邓中和设计的《云游民间多味斋》；图4-44 曹辛之设计的《寥寥集》，画面色彩柔和，都属于纯度较低的封面设计。

图4-42 《中国古镇游》　　　图4-43 《云游民间多味斋》　　　图4-44 《寥寥集》
（万夏、宋丹 设计）　　　　　（邓中和 设计）　　　　　　　　（曹辛之 设计）

2. 黑、白、灰、金、银色

黑、白、灰、金、银色与其他彩色系统颜色搭配都比较容易取得调和、沉着、统一的艺术效果，在很多场合它们对其他色彩起着衬托和调和的作用。任何颜色，跟黑和白相伴，就会很有精神，如红色更娇、绿色更俏。

金、银等光泽色是质地坚实、表层平滑、反光能力很强的物体色，这些色反光敏锐，不同的角度会产生不同的光泽。颜料中的金色是精制的铜铝锌锡合金粉（又称铜粉），而银色则是由铝粉制作而成的，另外还有金、银电化铝，和金银粉比较，它不但更有光泽，时间长了还不易褪色。

金、银色在色彩搭配中，易与其他颜色调和，同时能起到画龙点睛的作用，感到其

华贵的效果，在具体设计时要考虑到书稿的内容，恰当地使用黑、白、灰、金、银色，才会使封面的色彩表现得体。

四、构图

在书装设计中，有了好的构思，还不一定产生好的封面。在我们所看到的许多作品中，立意较好，但构图、色彩、形象、文字、材料不尽人意的例子并不少。

构图，我国古代画论中叫做章法，就是画面的布局，顾恺之称作"置阵布势"，谢赫说是"经营位置"。在书法中，讲究章法，是字与字，行与行之间的关系，同时也讲究落款和盖章。在绘画中，草、木、山、石或云、水、人、鸟等，如何使它们服从于立意的需要，在画面上占据自己适当的位置，就是构图要解决的问题。"意匠惨淡经营中"（杜甫名句），就是给"经营"规定了明确的目标和要求，在好的构思指导下，分割空间，讲究主宾虚实、疏密繁简、动静奇正……

封面构图需注意以下几点。

（一）强调构图中的大格局

好的创作立意，必须有相应的构图来体现，这点对于设计的成败起着关键性作用。在封面设计中几根大的结构线将对画面的整体格局起决定作用，使画面整体具有一定的动势和旋律。如图4-45～图4-47所示。

图4-45 弧形构图　　　　　图4-46 △形构图　　　　　图4-47 S形构图
（陶雪华 设计）　　　　　（陆震伟 设计）　　　　　（宋广训 设计）

主与次、虚与实恰到好处，合理排列，从整体效果上看，要给人一种大趋势，避免杂乱和琐碎。中国画中的山水画，经常采用"之"字形构图，有了这样的布局，观看风景中的动与静、虚与实，层次感都比较清晰而丰富。

（二）强调构图中主体突出，层次分明

在画面上主体的形象、字体都要放在显要的位置，一般处理是放在画面视觉中心的部位（即画面两条对角线交叉点的上部），主要形象比例相对要大一点，刻画时要深入细致，色彩对比要鲜明，要求做到主体突出，层次分明，对比强烈。如图4-48所示。

(三)构图上强调"向心"的布局

在封面设计构图上,其整体布局力图保持大的动势线在画面内结束,使图像组合向着一个既定的视角中心连续。气韵不能随意地中断,注意图像趋势的向心安排,给读者一个完整的感受。在处理特殊要求的封面设计中还要灵活掌握和运用,或中、或上、或下、偏左、偏右,有些用局部画面进行组合的图像,还要考虑它的均衡、呼应等布局的处理,色彩上要不断进行调整以达到理想的效果。如图4-49所示。

图4-48 主体突出
(邓中和 设计)

图4-49 强调向心布局
(聂昌硕 设计)

图4-50 "立险"和"破险"
(沈云瑞 设计)

(四)构图中"立险"和"破险"

凡战者,以正合,以奇胜。故善用奇者,无穷如天地,不竭如江河。构图讲究险中求稳,变化中求得统一。造险还得善于去"破险",当然这是需要以极高的艺术造诣和胆识为前提的。如图4-50所示。

习 题

1. 封面由哪些部分组成?设计时有哪些要求?
2. 封面尺寸如何计算?
3. 封面设计的元素有哪四种?
4. 书名字体设计有哪些种?
5. 封面图形有哪些种?
6. 色彩的调和有哪些方法?

第五章

精品解析

几乎在所有的艺术教育中，都离不开作品欣赏课，书籍装帧也不例外。在欣赏的同时，关键还在于借鉴。

通过欣赏，我们学习优秀作品的创意和艺术表现形式；学习设计师们对画面细微的处理技巧；学习设计师们准确地创造形象、合理地选择字体、巧妙地安排构图、恰当地搭配色彩，从而使画面营造出深邃的意境和文化的底蕴。通过欣赏，我们能不断地提高自己的眼力，丰厚我们的艺术修养，陶冶我们的艺术情操。

我们选择了当代比较优秀的书籍封面设计作品，对这些作品，我们主要从创意和形式构成两方面进行解剖和分析。有的封面作品靠创意取胜，创意是创造性想象设计，它是靠书籍形体样式的表现和图形的创造让读者折服而不忘。好的创意源自于设计师对书稿内容的理解和提炼，源自于设计师的文化知识、生活阅历以及艺术实践的积累，也源自于设计师积极向上的人生态度和无私的奉献精神。有的封面作品靠形式感取胜，形式感是再现性想象设计，它是通过新颖的构图和色彩以及准确的图形和字体来完成。好的形式构成同样能较好地体现书稿的内容和题材，也同样为封面创造良好的意境，与读者进行感情的沟通。

当然，创意好的封面作品要靠好的形式来表现，好的形式构成也要根据好的创意来实现，只是它们各有所侧重而已。一般来说，有独特创意的作品，表现起来相对容易一些，即苦思冥想在前；相反，没有独特创意的作品，表现起来相对困难一些，即苦思冥想在后。我们认为，作品的形式感对于初学者可能受益会更大，因为作品的形式感可以直接被初学者借鉴和掌握，而作品独特的创意则很难学到，只有设计者具备了一定的水平和能力，方可水到渠成。所以，为了便于教学，我们把重点放在了形式构成方面。

一、《中国急腹症治疗学》解析

《中国急腹症治疗学》的封面设计者是王众。

如图5-1所示，该封面是当代优秀的设计作品。它的成功在于创意独特，形式感强，让人过目不忘；它的经典还在于给这本书做了漂亮的广告，帮助了书籍销售；它的成功不仅在于画面的艺术价值，还具有一定的商业价值。

我们看到这幅封面，一下就被设计者的奇思妙想所震撼和折服，究其原因，除了图形的创意之外，还不能忽视其形式构成的表现。

画面整体采用T形构图，图形上下出血的设计，更使画面简练大气，突出了主体，使视觉冲击力更强。书名字的设计也是设计者独具匠心之处。

首先是字体的变化，突出"急腹症"重点内容，在字体和大小的变化同时，将"急腹症"三字倾斜，一是造成动感，二是与绳结的方向相一致，取得书名和图形的和谐统一。"急腹症"下面细横线的运用，使书名、图形、书脊连成一体，使画面流畅而富有节奏，考虑得再精到不过了。书名下方的小字呈浅灰色，是整个画面的陪衬和补充，缺少了它，画面就显得生硬和刺激。

在用色上，画面的色彩是红、白、黑对比色，既响亮又和谐，绳结微微泛出的黄绿，使画面色彩有了变化和满足，又没有喧宾夺主。

总之，该封面的设计无论是大到创意，小到细节处理，都显示出设计者卓越的艺术功力和审美修养。

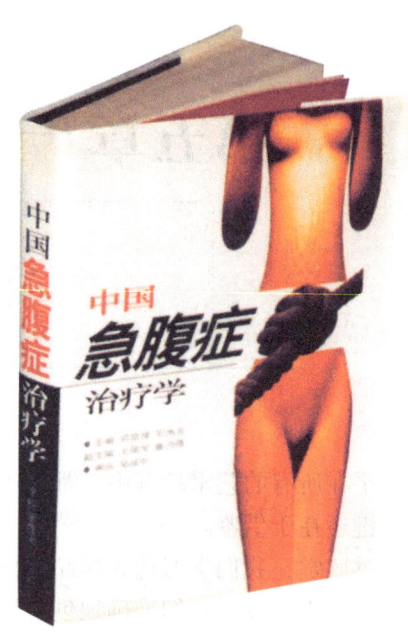

图5-1　中国急腹症治疗学
（王众 设计）

二、《临床骨科学》解析

如图4-7所示，无独有偶，白姑设计的《临床骨科学》封面设计与《中国急腹症治疗学》有异曲同工之妙。该封面设计仍然以图形创意为主，给读者留下很深的印象。同样为书籍的宣传和销售带来了很好的广告效应。创意独特而准确的图形，除了让人过目不忘外，还启迪人们进行思考，对书籍内容起到"补文字之所不及"的作用。

对画面的形式构成，处理得不温不火，值得借鉴。创意图形是三角形，比较难于安排画面，设计者利用图形的立体感和视觉突出性，将其作为画面的主体，并且感觉在前面，这样就容易配合各种内容。书名字放在封面的最上部，而且采用较纤细的宋体，使画面形成了前后的空间关系，这是设计者的独到之处。为了弥补图形的单一和空旷，在图形下方安排了文字，既达到了效果，又使画面具有浓厚的文化内涵。封面其他小字部分的设计虽然是画面构图和内容的需要，但精确的安排使画面非常和谐。书脊和封底的黑白分割比例恰到好处，同时与封面形成黑白对比，既满足了视觉要求又使画面沉稳了许多。

有一点说明，通过《中国急腹症治疗学》和《临床骨科学》两个封面设计看出，封面、书脊、封底形成了最完整的画面。书脊和封底的设计，是封面的完善和补充，无论设计哪个部位都要考虑整体的效果，这是我们经常讲到的。

三、《神曲》解析

如图4-6所示，是陶雪华设计的《神曲》封面，该封面设计荣获第三届全国书籍装帧艺术展览封面设计一等奖。

用闪烁的繁星做设计元素，是设计者对书稿内容的理解和提炼，因为书中几次都提到了"星辰"二字，认为用闪烁的繁星象征着茫茫苦海里充满幻想与希望的生灵是再恰当不过了。但是，画面的形式构成才是震撼读者心灵的根本。

（1）白渐变的巧妙使用。设计在《神曲》的整个封面中，黑色自上而下占据将近三分之二，邻近封面的上方，黑色渐渐过渡为白色，在由黑向白过渡的色块中布满了繁星，烘托出了"神曲"两个书名字。

（2）书名字和作者名字的大小和组合。整个封面中，书名字被衬托得非常醒目，字体又最大，与下面渐小的字组成倒三角，插入下面的半圆形内。

（3）在黑白交界处的圆形，似乎在暗示朦胧的日出，好像预示着迷蒙之中的希望与光明。封面下面三分之二面积的黑色象征着黑夜，黑夜里闪烁的繁星象征被剥削和压抑的芸芸众生。啊，天亮了，太阳即将升起，留给我们的是充满希望与欢乐。可以看出，设计者是饱含着真切的情感进行设计的，同时用这种情感，通过画面打动了读者，使读者产生共鸣。

四、《诡辩论》、《论辩论》解析

《诡辩论》、《论辩论》两本图书的封面设计者是邓中和。

图4-8这两幅封面，能把书稿抽象的内容表达得活灵活现，这种想象是艺术想象，是创造性想象，设计者创造出了有意味的艺术形式。两个封面的创意同出一辙，而在形式构成上又各有特点。

《诡辩论》的封面上，素雅大方的底色中，转动的文字犹如天上的彗星神秘而不可测，又像是变化多端的逻辑表达着左右逢源的寓意；形式与节奏的规律示意着理论的严密与高深。这是视觉形式所产生的意味，是将外在的视觉刺激转化为无言的心理感受。在封面上，书名"诡辩论"三个宋体字，端庄地排列在椭圆形的黑色的谜团之上，既表达了诡辩的荒谬，又使封面充满了书卷气。

《论辩论》则突出表现辩论双方的激烈争辩场面，图形的方向针锋相对，三角形的文字组合与图形的方向感和谐统一。

两个封面的图形由底色渐变为白色，白色的头又有黑边处理，使画面具有空间感，也使图形非常引人注目。画面的装饰细线和附着的文字对画面起到分割和协调的作用。这也是一种设计的风格。《论辩论》的封面设计，与图形方向垂直设计一些细线，对画面起到了稳定的作用。

五、《横空出世》等解析

《横空出世》等这一套书的封面设计者是邓中和。

图5-2是一套以图片为主要元素设计的封面，构图采用T形结构。

如果从书的内容出发，来考虑其封面设计的元素，可能难度不大，但如何使画面设计得适合和美观，就需要设计者有一定的艺术功力和很好的素养。

本套书封面设计最引人注目的是书名字的设计，稍懂一点书法的人一眼就能看出书名字采用的字体不是普通的书法字体，它正是本书主人公毛泽东的书法字体，该字体气势豪迈，结构险绝，线条流畅。很多中老年人对毛泽东的书法都很熟悉和崇拜，用这样的书法字体设计书名，不仅与图片内容相一致，而且牢牢地牵住了读者的情感，使读者对这位伟人更加肃然起敬，同时也被伟人的艺术才华所折服。这种书体的设计使中老年的读者感到亲切，拉近了书籍与读者的距离。

 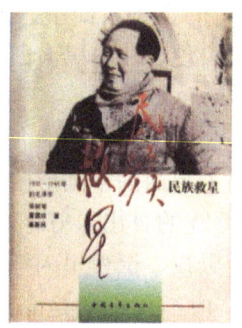  

图5-2 《横空出世》等
（邓中和 设计）

在形式构成上，书名字放在图片和空白的中间，打破了图片和空白的尴尬界限，显示出大家的风范与气度。书名字下方的补救，是用出血的渐变色块衬托出版社名称和与出版社名称一齐的水平线，这样的艺术处理使画面平稳了许多，又有了丰富的色彩语言。

六、《中国震撼世界》解析

《中国震撼世界》的封面设计者是尚佩云。

图5-3的封面设计是以象征性的视觉形象表现意义，是中国装帧艺术家常用的表现手段之一。这种象征的手法，可以用来比喻一种精神、可以用来比喻一种伦理、可以用来比喻一种道德，也可以用来比喻一种伟大的事业。

《中国震撼世界》的封面，以雄伟的东方之狮比喻崛起的中国对世界的震撼，让读者从雄狮的形象中感悟到新中国的伟大。这时，雄狮的形象已经不是景物的再现，而是成了表现精神意义的象征。

凝重厚实的书名字，压在图片上，像是在向世界的庄严宣告，橘红色的英文书名，暗喻着朝气蓬勃的中国再也不是封闭的国家，而是以崭新的面貌屹立在世界的东方。这时，

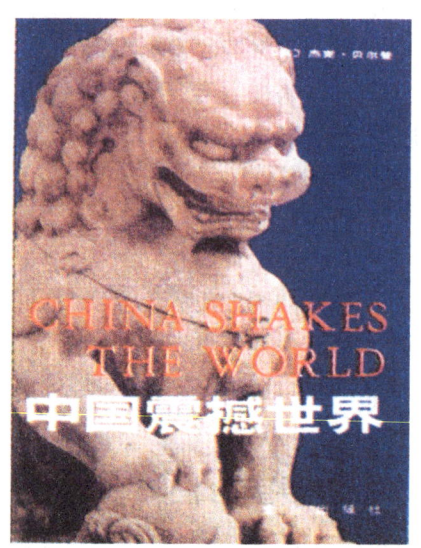

图5-3 《中国震撼世界》
（尚佩云 设计）

文字字体与颜色的意义已经不仅是为了读者认知，而是一种情感的表达。

放大而出血的图片放在画面的左侧，更显现出雄狮的威武和强大，突出了主题。

七、《夹子救鹿》解析

《夹子救鹿》的封面设计者是刘巨德。

《夹子救鹿》的装帧设计依靠绘画创造的意境和韵味来烘托气氛，这是书籍装帧设计常用的创作手法之一，如图5-4所示。在这种表现形式中，绘画成了整个装帧的重要组成部分，画家创造的形象、画中显现的情景、色彩烘托出的气氛、情节构成的意境、形式酿造的味道，几乎成为书籍装帧创意本身的内容。于是，绘画与装帧融为一体，绘画魅力散播到了书籍装帧的各个部分，给读者以美好联想和丰富想象的余地。

书名字采用手写体的书法形式，不仅与绘画风格一致，同时也给人亲近感，与画面的情景交融。

色彩的高度统一也是该封面设计的一个特点。绘画的主色调是橘红色，而封面采用深红底色来衬托，使封面的整体色彩更加协调和谐。在设计色彩时，设计者也考虑到了书稿内容的感情色彩，用红色代表爱心和奉献。

图5-4 《夹子救鹿》
（刘巨德 设计）

八、《我要上学》解析

《我要上学》的封面设计者是段志佳。

图5-5《我要上学》的封面是白色的，封面中间左边一幅贫苦地区失学儿童的摄影图片，与"我要上学"四个书名字成了读者视觉关注的中心。大面积的空白给人以无限的想象空间，从而更加突出了照片上孩子的那双充满渴望的大眼睛。在书籍封面最打动人之处，就是读者与失学儿童读书的神态之间产生的心灵的交流，这也是封面最感染人的地方。整个封面主要是黑白两色，但是，书名下方的浓郁的暗红色为封面增添了许多生气，使人们感到了拯救失学儿童的希望。这条暗红色块上的"中国希望工程摄影记实"字样，为沉闷和压抑的封面展示出一道希望的曙光。

设计者成功地调动了黑色所产生的诱惑力，高明地选择了大面积的空白。这种黑白空间的妙用和红色的点缀，无疑为封面主题增添了风采。

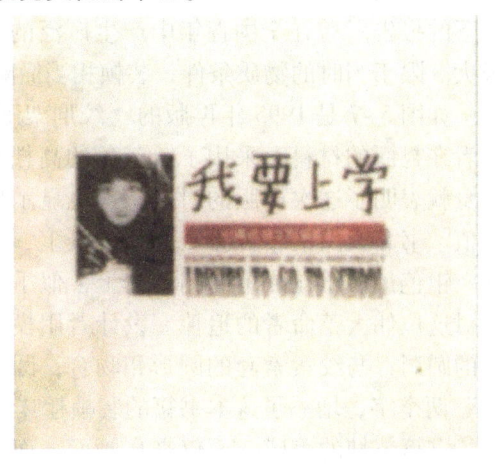

图5-5 《我要上学》
（段志佳 设计）

九、《当代中国画技法·赏析》解析

《当代中国画技法·赏析》的封面设计者是黄宗湖。

美术类图书的装帧设计应该比一般书籍在装帧设计上更富于艺术性。但是，在当今图书市场上，美术技法的图书品种很多，装帧设计有特色的很少，总让人产生几分惋惜。当看到《当代中国画技法·赏析》的设计时，我感到视觉的愉悦和心灵的振奋。

图5-6是《当代中国画技法·赏析》的封面，该封面设计没有采用以一张国画做背景的老模式，这种老模式简直成了这类图书装帧设计的思维定式，依此设计的作品必然平庸。而《当代中国画技法·赏析》的封面上，由砚台、毛笔、一块颜色、上端的书名字四要素所组成的画面十分新颖，图案中的砚台、毛笔、色块富于视觉冲击力，突破了这类图书的固有设计模式，书名字放在封面的极上端，打破了传统文化中的中庸与和谐，整个设计别开生面。

图5-6 《当代中国画技法·赏析》
（黄宗湖 设计）

这种构成画面的设计要素，决定了画面的构图形式，设计者在安排构图时，强调疏密对比，上紧下松的构图形式，使画面形式个性化，讲究美的艺术规律。

十、《绞刑架下的报告》解析

《绞刑架下的报告》的封面设计者是吴勇。

20世纪50年代初，捷克共产党人伏契克的《绞刑架下的报告》曾在全国青年中产生广泛的影响，发行量极大。限于当时的物质条件，装帧相当简陋。

如图5-7是1995年再版的《绞刑架下的报告》，设计者在封面的材料上采用了暗灰色的高档特种纸，材料本身就表明了这次再版的时代感，也显示出书籍内容的价值。书名及图案印在深灰的特种纸上，显得庄重而肃穆。银色最后压在浓重的图案之上，似乎是在暗喻着后人对这位伟大革命者的追悼。设计者用模具在封面下方挖的圆洞，与绞索索套的圆形相吻合；圆洞显漏出"报告"两个字，增添了这本书籍的装帧趣味。

书籍装帧的美感，不仅来自画面，而且来自材料的美以及印制工艺的美。当人们欣赏一本书的装帧的时候，美感也绝不仅来自视觉，而且还来自触觉。装帧的材料与印制工艺的设计，应被视为装帧设计不可缺少的

图5-7 《绞刑架下的报告》
（吴勇 设计）

重要环节。《绞刑架下的报告》的装帧设计给读者留下了难忘的印象。

画面的重色调烘托出"绞刑架下"的恐怖气氛，让人有身临其境的感觉。红色象征着革命的热情和为理想牺牲的精神。在处理画面的压抑和沉闷感觉时，设计者应用印刷材料和工艺解决了这一问题，而且效果非常精美，这也是值得大家学习和借鉴的。

十一、《张守义外国文学插图集》解析

《张守义外国文学插图集》的封面设计者是张进贤。

刘勰在《文心雕龙》中主张"物以貌求"，提出艺术创作是以感知的表象为想象的基础，经过艺术家对自身感性的扬弃，提炼出"秉心"、"独照"的审美"意象"。

张守义先生擅长外国文学插图，其画面寥寥几笔，而"意象"之神态意味无穷，张先生的提炼反映着"秉心"、"独照"的艺术功力。装帧之魂在于使设计能反映作品的精神内涵，而《张守义外国文学插图集》的封面设计，正是设计者以张先生的外国文学插图作品为想象的基础，根据设计的需要，经过感性的扬弃提炼出来的装帧形态。如图5-8。

图5-8 《张守义外国文学插图集》
（张进贤 设计）

设计者以"意象"的装帧，表现"意象"的插图，在装帧中所把握的艺术精神与插图的艺术精神的一致性，装帧所追寻的艺术精神与张先生插图所显现的艺术精神产生共鸣，这成为本书装帧艺术最亮的闪光点。

在设计中，简单是一种构成，简而不单是一种境界。简约是简单的最高境界，简约是现实的有限，想象的无限。优秀的作品往往用最为精练的艺术语言表达最深刻而丰富的内容。封面设计的要素，除了寥寥几笔的图形就是书名题字，再简单不过了。之所以达到如此深邃的意境，与书名的题字分不开。如果换成美术字体就会破坏图形酿造的味道，如果更换书法的其他书体，也达不到现在的效果。该封面的题字，在行气上有动感，整体呈弧形。每个字纵横取势，节奏感强，加上落款印章，与下面图形配合非常自然、和谐，达到一加一大于二的效果。

下 篇

实训操作部分

实训教学 —— 临摹、借鉴、创作

按照本课程教学目标的要求，本着理论和实践相结合的原则，以培养职业学校学生的动手能力这一主要宗旨，本书编写了实训教学这一部分。这部分是本门课程的教学重点。考虑本门课程实践教学的可操作性和社会行业的实用性，把现场教学分成三个大的方面进行：版式设计、插图设计和封面设计。

这部分的内容主要是从画面欣赏到创意分析、从形式美法则的运用到具体的设计方法、从准确的临摹到巧妙的借鉴。使学生既能充分理解画面的形式美和内在的含义，又有具体的操作步骤和方法，这样，才能不断提高学生的设计能力和艺术功力。

第一部分

版 式 设 计

版式设计的实训教学，根据理论教学的内容顺序，共安排了4个方面：版式模式的绘制，图文混排版式的借鉴与设计，篇、章页版式的借鉴与设计，版面装饰设计的临摹与借鉴。其中版式模式的绘制又包含了2个训练内容；图文混排版式的借鉴与设计包含了8个训练内容；篇、章页版式借鉴与设计包含了2个训练内容；版面装饰设计的临摹与借鉴包含2个训练内容。实训本着手绘和电脑设计相结合的原则进行。

实训教学一　版式模式的绘制

（一）基本版式模式的绘制

以现代书籍基本版式模式为依据，通过绘制版式图样，加深了解掌握版面构成的基础知识，加深对开本的尺寸和出血的理解，同时对行长和行间距进行主动设计，使学生有真正做"活"的体会，增强学生学习的兴趣。

绘制方法及要求：

（1）用铅笔和直尺在8开纸板上绘制尺寸为260mm×370mm的页面图形，该尺寸绘制的页面大小是小16开的页面设计尺寸。如图1-1所示。

（2）四周白边的尺寸可参考图例，也可根据已学的知识自己设计。

（3）版心的宽度在80~105mm之间，右页面在绘制时注意行间距的设计（一般占字高的3/4~1）。

（4）准确标出版面上各个组成部分名称，文字尽量用钢笔或水性笔，字迹工整。

（5）用时大约2学时。

（二）图文混排版式模式的绘制

通过对各种图文混排版式模式的绘制，加深对图文混排版式模式的理解和记忆，掌握图文混排版式设计的各种构图法则，以便在今后的实际应用中更好地处理和安排图文内容。按照各种模式进行排版，使版面清晰、美观、有条理，排版时既省时又省力。

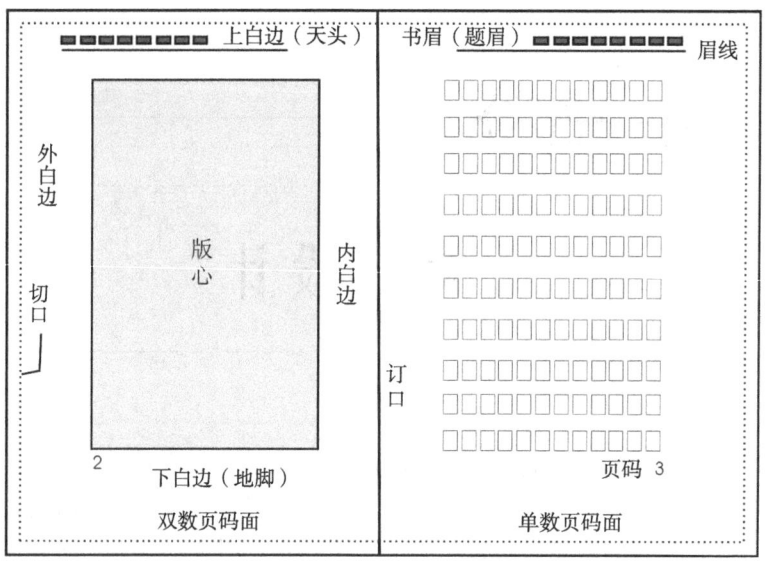

图1-1　现代书籍基本版式模式图

绘制方法及要求：

（1）以下面6个图形为依据，用铅笔和直尺将6幅小图画到一张8开的纸板上，每一个小图尺寸为92mm×128mm（64开）。

（2）暗灰色方块代表一个图片，绘制时最好用各种颜色填涂，以便更加醒目、真实，使画面美观。

（3）绘制要求精细，一丝不苟。

（4）画完图形后，用钢笔或水性笔标出版式编排的名称。

（5）用时大约2学时。如图1-2、图1-3所示。

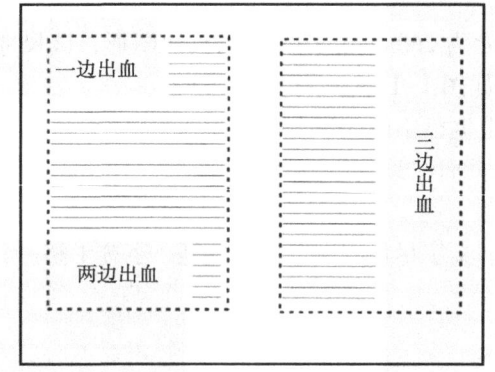

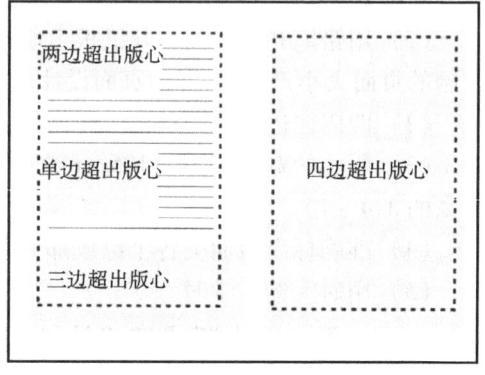

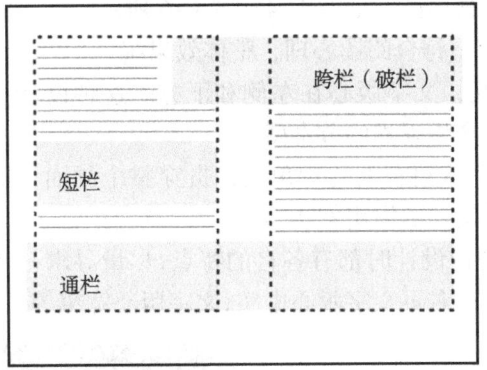 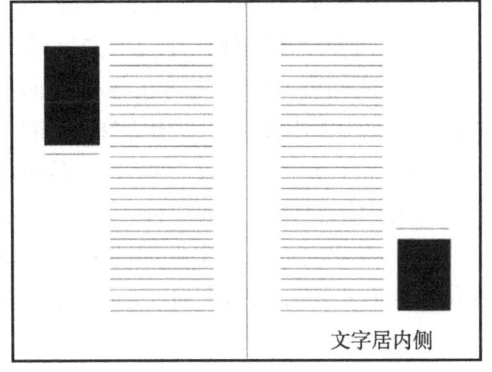

图1-2　图文混排的六种版式模式图（一）

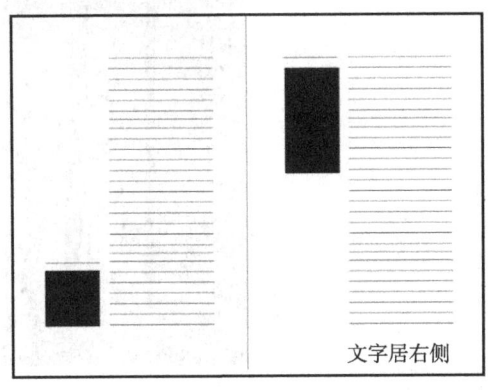 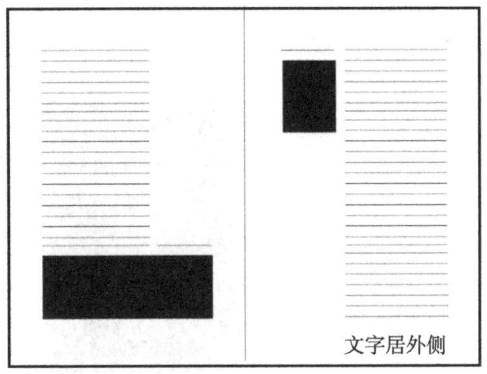

图1-3　图文混排的六种版式模式图（二）

实训教学二　图文混排版式的借鉴与设计

通过解读作品的艺术形式，知道其内在的美学原理和形式构成。同时，为了便于理解和记忆，在范图之后，配备了版式设计模式图和图文混排所形成的动势线。同学们在设计版面时，要充分借鉴范图的版式设计模式，充分理解版式设计的动势特点，这样才会举一反三，掌握规律性的东西。

在分析完作品形式之后，每次实训之前，都有具体的方法和严格的要求，同学们要认真地进行手工制作和绘画，只有一定经验的积累，日后才能自己创意设计，为今后的实践和工作打下坚实的基础。

这里说明一下，如果条件允许，部分作品也可在电脑上完成。但是，版式设计的动势线和版式设计的模式图必须手绘，而且认真完成。在实训时，学生带自己绘制的模式图进行上机操作，避免学生在机器上照猫画虎。也就是说，每种版式模式必须记住和掌握，不是照样能做就行。

（一）以对角线形式为主旋律的版式结构
1．解析范图作品的艺术形式
（1）版面用淡青色和浅粉色作底色，使版面温馨淡雅。书口的装饰设计与整体风格相协调，淡灰色间隔线使版面具有装饰感和秩序感。如图1-4～图1-6所示。

（2）两种字体设计，使版面文字形式灵活，符合阅读心理，整体效果统一。

（3）两幅页面的图片均在各自页面的右侧，文字版心在左侧和下方。这种设计使两幅页面形式感比较统一，也容易取得协调，产生强烈的节奏感。

（4）尤其是图片和文字的主体形成了从左下到右上的对角线，贯穿整个画面，形成了画面的主旋律，这种设计手法是图文混排设计的惯用方法。

（5）变化之处是两个页面的文字和图片进行设计时都有各自的特点，尽量寻求一些变化。如右页图片两边出血，左页文字版心中空，右页文字版心中实，文字版心宽窄等。

图1-4　以对角线形式为主旋律的版式结构
（《彩图本唐宋词一百首》，上海古籍出版社）

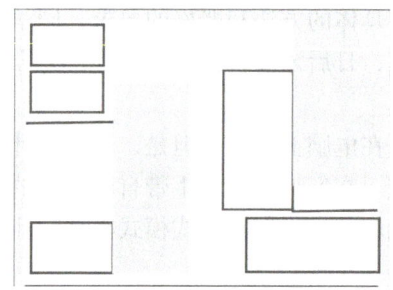
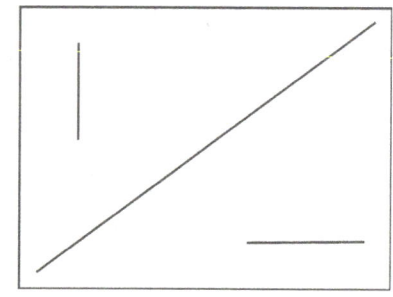

图1-5　版式模式图　　　　　　图1-6　版式设计动势线

2．操作方法和要求

（1）准备一张 8 开纸板。

（2）用铅笔和直尺在纸板上画出范图的版式模式图（见图 1-5）。这本书实际成品尺寸为 140mm×210mm，自己算出要画的版式模式设计尺寸（加出血）。

（3）调出范图的底色，均匀地涂在画好的版式模式图上。

（4）用黑色笔画出书口、页码、饰线等，要求细致准确。

（5）将准备好的彩色图片剪裁，贴在版式模式的图片框内，没有图片可以填涂土黄色或橘黄色。剪裁报纸或杂志的文字，贴于文字框内。

（6）用时大约 2 学时。

（二）对角完全对称形式的版式结构

对角完全对称的版式构图，使左右画面协调均衡，是初学版式设计者参考的典型结构之一。画面中浅粉底的译文一竖一横，设计巧妙，使文字版心形成一条对角线，具有视觉的流动美，两幅图片分布在这条对角线的两边，极为对称。两张图片在编排时没有紧贴边框，这也是设计者的细心之处。参考图 1-7～图 1-9，做法同（一）所述。

图 1-7　对角线完全对称的版式结构
（《彩图本唐宋词一百首》，上海古籍出版社）

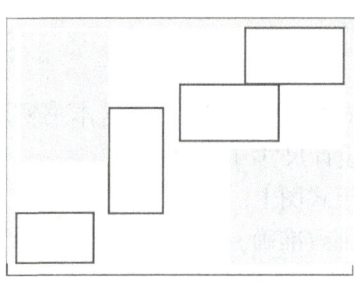

图 1-8　版式模式图　　　　　　图 1-9　版式设计的动势线

（三）对角线平行的版式结构

该版面设计清晰、空阔，营造出诗情画意的高雅格调。两个页面图文位置各得其所。如果只看其中的哪一个页面，都觉得不舒服，但把它们并置一起就相当和谐。这也教我们在设计页面时，一定要把两个页面合并在一起来设计，回头看（一）和（二）又何尝不是如此呢？因为我们翻开书籍，展现眼帘的是两个页面，只是刹那间有前后之分。哪一个页面的设计都对另一个页面有很大影响。

仔细审视该版式设计，发现两个页面有向左下方流动的趋势，因为这种相同的趋势而使版面整体协调一致，不觉得散乱。这种在动感中寻求平衡的设计形式是高明的设计手法。我们应该举一反三，借鉴这种艺术形式。这里，还要说上一句，如果两个页面完全是对角线平行设计，可能会出现画面的雷同和直白，所以要有局部的变化和调整。如图 1-10～图 1-12 所示。

借鉴图 1-10 版式的形式构成，手工制作两个页面版式，做法同（一）所述。

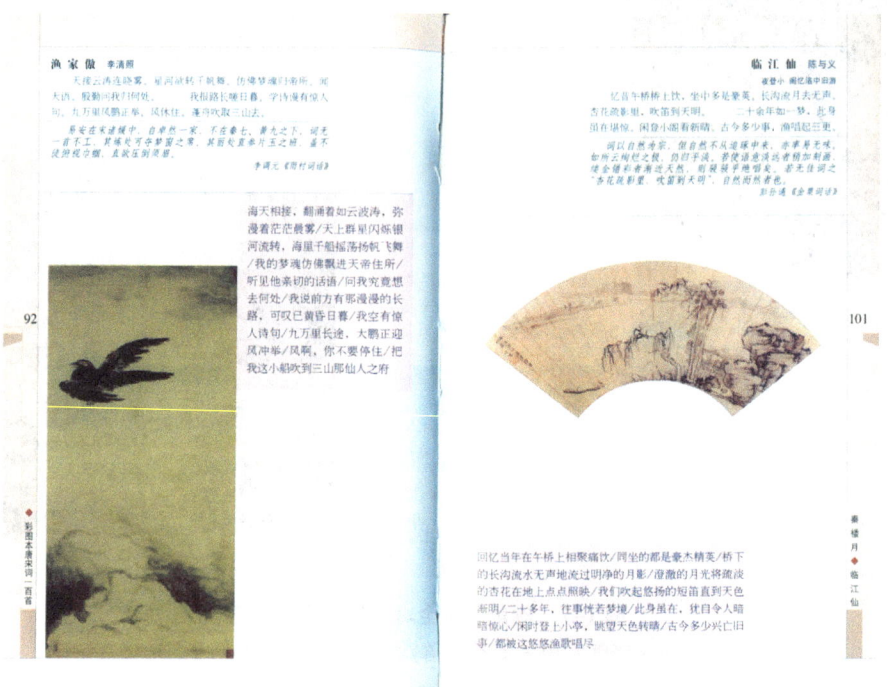

图 1-10　对角线平行的版式结构
（〈彩图本唐宋词一百首〉，上海古籍出版社）

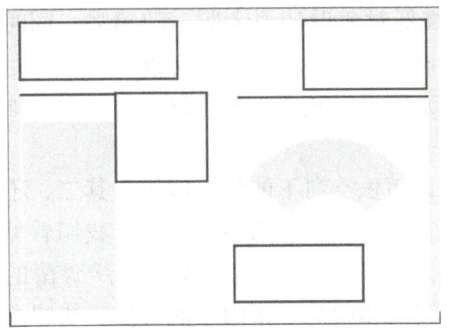
图 1-11　对角线平行版式模式图

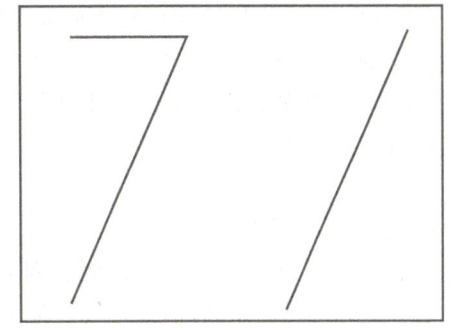
图 1-12　对角线平行版式设计的动势线

(四) 图片通排、大气简约

图片通页排版一般适合图片大、文字少的情况。有的图片内容多，场面大，在排版时考虑到图片的视觉效果，往往将图片放大，以至于占满半个页面。图 1-13 就是其中一例，我们说图片通页排版是简单多了，但是文字的设计就有一定的困难。因为长方形的图片排满两页的上半部，很沉闷呆板，如果处理不好文字和留白的设计，整体版面就平庸乏味了。

图 1-13　图片通排的版式结构
(《彩图本唐宋词一百首》，上海古籍出版社)

图1-13的版式设计的巧妙之处就是文字的高低对角设计很大胆，动感强，同时也较好地处理了长方形的空白面积。看来，在版式设计中，评价好坏的标准之一，就是看空白的处理。比如，没有空白，不透气，阅读起来头晕目眩，当然不好；有空白，如果方方正正，又太呆板。

那么，空白应如何处理呢？其一，不能方，大面积空白不能像豆腐块；其二，不能碎，小面积空白不能太多太乱；其三，不能同，空白大小和形状不能相同。我们看见很多山水画，在表现烟、云、雾的时候都留有大片空白，而这空白显现出漂浮游荡的韵味，这空白充满了茫茫的宇宙之气。如果读者在阅读和欣赏书籍内容的时候，能感觉到在版面的四周，在字里行间，在图片与文字的空隙中，偶尔像有白云掠过，或一丝，或一片，岂不美哉！这可能是最好的空白处理，也是版面设计追求的一种境界。

参考图1-14、图1-15通排的版式模式，借鉴设计一张双页面图形。做法同（一）所述。

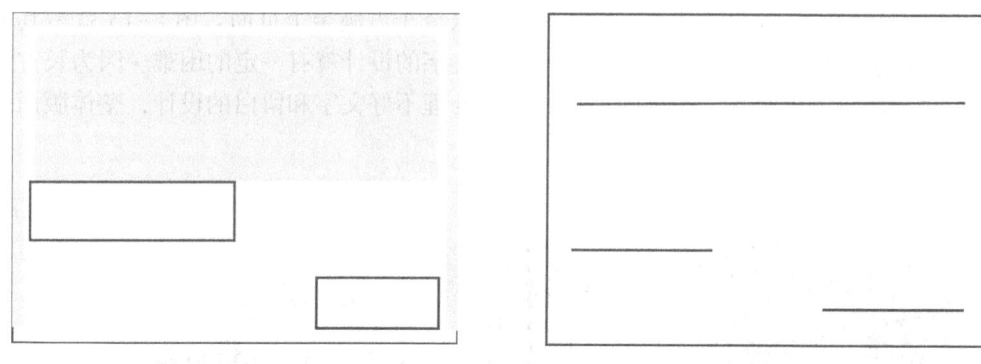

图1-14　图片通排版式模式　　　　图1-15　图片通排版式动势线

（五）"拱形"的版式结构

图1-16版式设计的最大特点是图文排列有一个整体的曲线走向，那就是"拱形"。两个页面也是组成一个画面进行设计，图文排列的形式使画面呈现一定张力，给人蓬勃、向上和发展的心理感受。下面留白的部位正是手拿书籍的地方，这种设计在某种意义上说，也符合了人体工程学。两页面之间既有对称也有变化，是一种值得借鉴的版面设计形式。

参考图1-16～图1-18，借鉴设计一幅两页版面，做法同（一）所述。

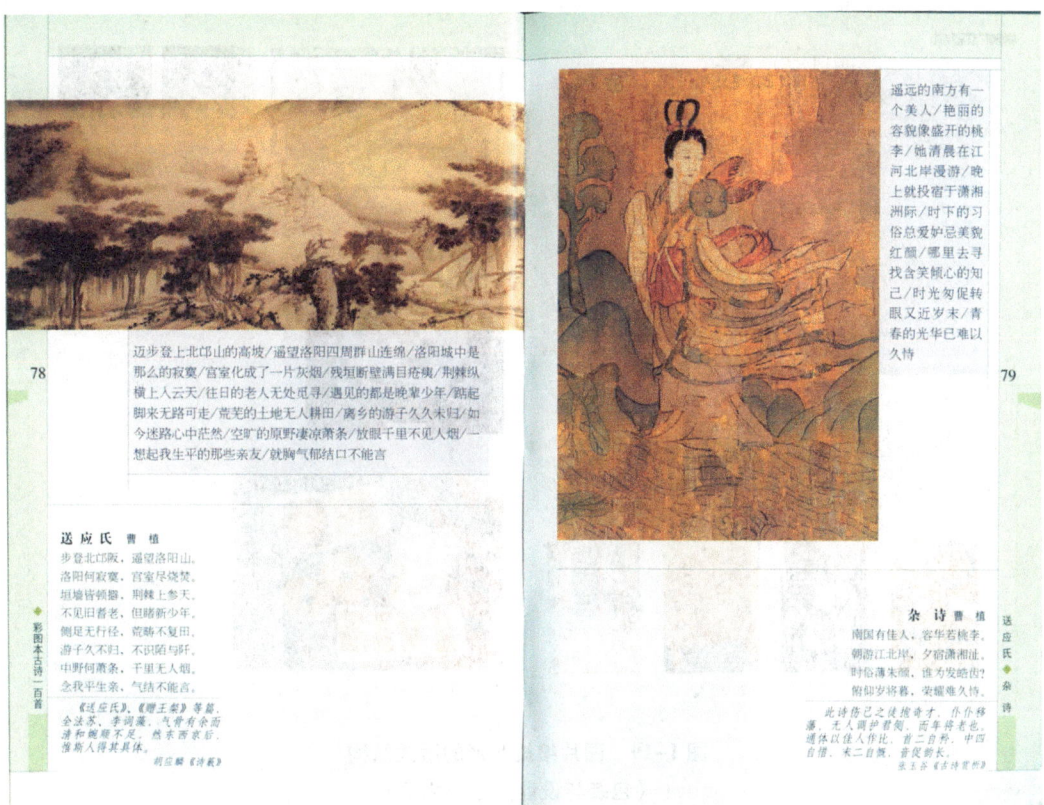

图1-16 "拱形"的版式结构
(《彩图本唐宋词一百首》,上海古籍出版社)

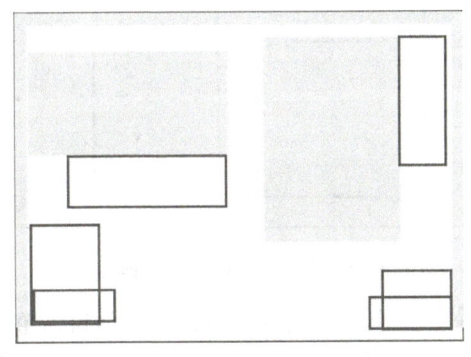

图1-17 "拱形"版式模式图

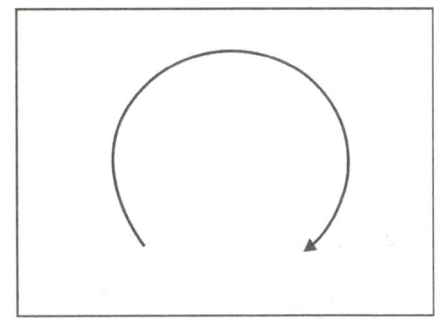

图1-18 "拱形"版式动势线

(六)图片编排S形的版式设计

这是一幅满版的图文页面设计,在这幅图例中,同学们应该学习以下几点:

(1)饱满的版式构图,显得充实而大气。标题的设计虽然不突出,但通过字体大小错位和装饰线的运用,很有艺术性,值得大家借鉴。如图1-19~图1-21所示。

(2)版面的主旋律一眼就能看出是图片组合构成的S形,视觉流动效果很好,也避免了画面的零乱。

图 1-19　图片编排 S 形的版式结构
（〈包装与设计〉杂志内页）

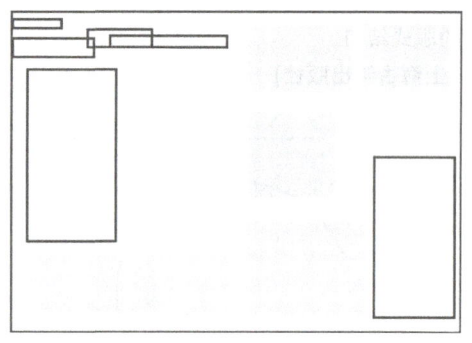

图 1-20　版式编排 S 形的版式模式

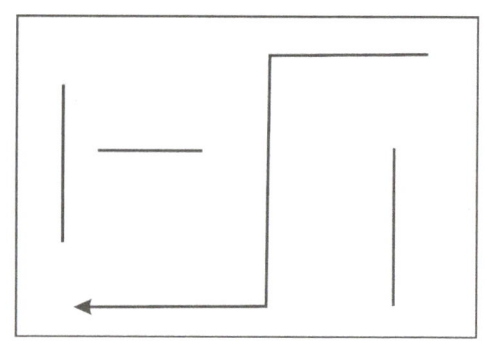

图 1-21　版式编排的流程图

（3）对称设计的文字版面使整体更加严谨统一。小图片的外虚框设计也值得借鉴。

（4）在满版的页面构图中，希望大家注意一点，就是"外实内虚"之法。如果这种设计的版面内部不留空白，就会造成"闷"的感觉，所以在设计时版面里边要留有适当的空白——内虚。

（5）还有一点也很重要，就是在图片多的版式设计中，尽量将图片的色调处理一致，否则画面的色彩就不会和谐。图例中页面的图片大多呈黄色，蓝色和红色呈小面积，其他图片也作了降调处理和呈黑白处理，这样就使版面整体色彩比较调和。试想，如果画面中还有大红大绿等色彩，效果会如何呢？

操作要求：

（1）准备 8 开纸板一张。在纸板上用铅笔和直尺画出版式模式图（见图 1-20），书籍开本为小 16 开（185mm×260mm），画出版式模式的设计尺寸。

（2）将准备好的一些图片和文字按版式模式线框尺寸剪裁，粘贴在纸板上。

通过以上几个范例作品，总结出一个规律，那就是一个好的版式设计，内部都有一个主旋律或一个动势线来引领和贯穿，这样使画面整体形成一个动感而又不散乱，好比写文章里面的线索一样。这种图多文少的版式设计，首先根据图片的大小形状和文字的多少而定，先确定主体图片的位置和主要的动势，文字内容少的部分最后摆放，然后进行局部调整和细微的艺术处理，使画面的主旋律更加突出。同时还要在形式上适当变化，不能僵硬教条，在不影响主旋律的情况下，达到灵活最佳的形式构成。

其实，页面中不论何种旋律、何种动势走向都是美的，都是艺术的，只要设计合理，有利于阅读，都是值得学习和借鉴的。由于内容决定形式，在一本书籍里会出现各种各样的版式结构。它们的风格也有多种变化，或疏朗、或密集、或端庄、或倾斜、或小巧、或丰满等，通览全书版式，会给读者多种口味的美的享受。

（七）左右两页对比的版式结构

在这幅图中，左右两页有两种对比：一是版心大小的对比，即左收右放；二是色彩轻重的对比，即左浅右深。这种对比主要是使版面形成变化，造成视觉对比的强烈感受，尤其是右页出血的图片很吸引读者的眼球，不仅增加了图片的可视性，还起到美化书籍的作用。这种在以图片为主的版式设计中常常见到，希望同学们通过操作能掌握这种版式设计模式，并应用于创作中。

借鉴图 1-22，制作一张两幅页面，方法和要求参考上次操作。

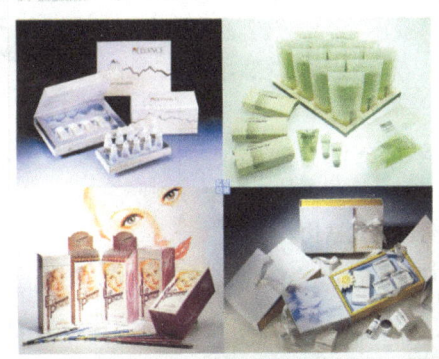
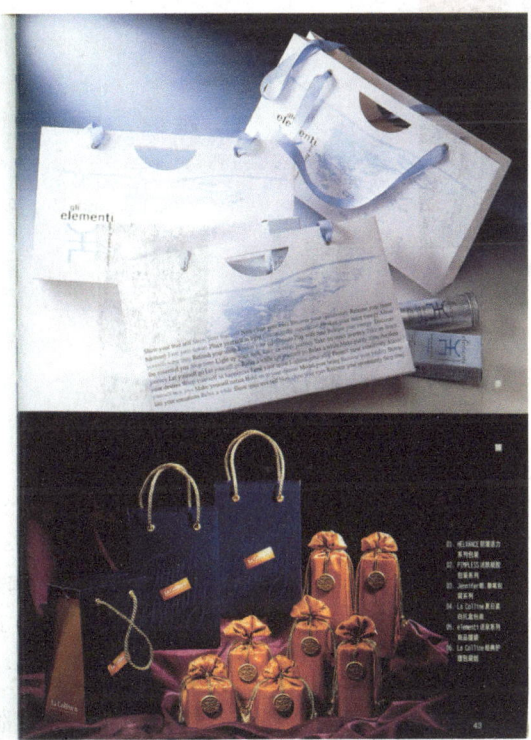

图 1-22　左右两页对比的版式结构

（〈包装与设计〉杂志内页）

83

（八）经典的骨骼框架版式设计

在期刊杂志的版式设计中，一个栏目一种版式模式，一本杂志中的版式变化多样。而在一般的图书中，只有一种版式模式，这是书籍的内容体裁所决定的。一本书的版式模式决定了该书版面设计的档次。作为图文并茂的理论设计类书籍，选择框架式的骨骼版式模式，真是高明之举。然而，设计什么样的骨骼形式就成了版式设计中最关键的问题，也是最能体现设计者的基本功和艺术修养的。图1-23的骨骼框架，不能不说是一个经典的版式设计。那么，框架骨骼版式模式的优点有哪些呢？

（1）使版面整体有四美：秩序化，条理化，整齐化，装饰化。

（2）有助阅读。读者在阅读文字时，很少受到各种图片的干扰，同时还能受到图片的启发。

（3）有了骨骼框架之后，文字和图片摆放各得其所，万变不离其宗；在版面设计过程中，省时省力，轻松容易。

图1-23 经典的框架骨骼版式结构
（宁成春 设计）

如图1-23的版式设计，同学们借鉴以下几点：

（1）浅灰色"出血"的骨骼线设计，使版面极为规范又不死板，一举两得。

（2）版面的图片排列也是形成了S形的视觉流程，文字和图片对角对称。

（3）由于骨骼线设计讲究，使页码巧妙地靠近小方格的上角处，右页的页码设计还带有篇章的标题，这是细微的艺术设计，同时也跟左页书口设计遥相呼应。

同学们在借鉴设计时，在 8 开纸板上用铅笔和直尺画出一张两个页面图形。整个图形尺寸为 312mm×234mm（出血），因为成品的尺寸是 153mm×228mm。在准确的外框内画出标准的版式骨骼线，然后进行粘贴制作。

实训教学三　篇、章页版式的借鉴设计

（一）纯文本的篇、章页版式结构

在纯文本的版式设计中，版面设计容易单调、沉闷，所以纯文本的版式设计更能体现出设计者的艺术修养和版式设计的基本功。纯文本的版面没有图片的艺术形象，也没有图片的绚丽色彩，它的美是内在的和静谧的。纯文本版式设计不像图文混排那么活泼多变、那么具有形式感，它是靠文字本身及其组合的形式、留白和版面装饰来展现版式的风采。纯文本的篇、章页版式结构如图 1-24 所示。

图 1-24　纯文本的篇、章页版式结构
（宁成春 设计）

图 1-24 设计有以下几方面特点：

（1）字体微微压扁，性情亲切温和，同时行距加大，有利阅读和节省空间。

（2）页的大面积留白，使读者轻松读完内容，整体版面关于中轴对称。下面的页码设计使对称均衡的版面增加了灵动，对于整体版面设计来说，是画龙点睛。

（3）章页的设计更是不逊色。它把一页巧妙地设计成两个版心，而且上窄下宽，上松下紧，整体丰满而不沉闷，阅读感强。标题的右对齐，也是打破对称均衡，讲究变化的艺术形式。下面较小的页码设计与上面标题相呼应，又使页面底部活动起来。

（4）竖向的几条线产生很好的装饰效果，除阅读时有间隔的作用外还仿佛给读者向下阅读的一种心理暗示。

图1-24的两个页面都是奇数页，也就是右页面。我们在设计篇章页时，为了突出和重视其"头"，往往将篇、章页设计在右页上，在篇的页背面是空白。同学们在借鉴设计时要设计成两张页面，不要将两页面设计在同一张纸上。

具体操作要求：

（1）准备两张16开纸板，用铅笔和直尺准确画出该版式设计模式图（见图1-25），开本尺寸为小16开（185mm×260mm），画出版式设计尺寸。

（2）将剪裁好的文字粘贴在画好的线框内。

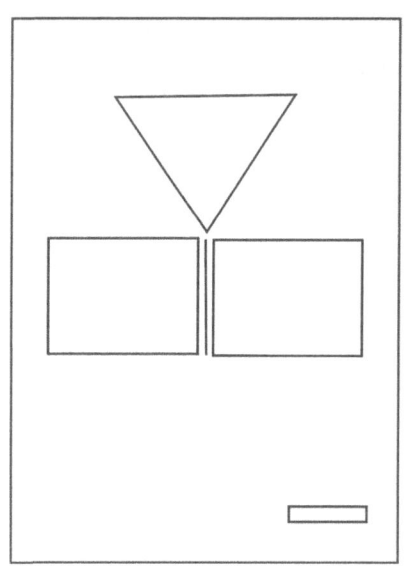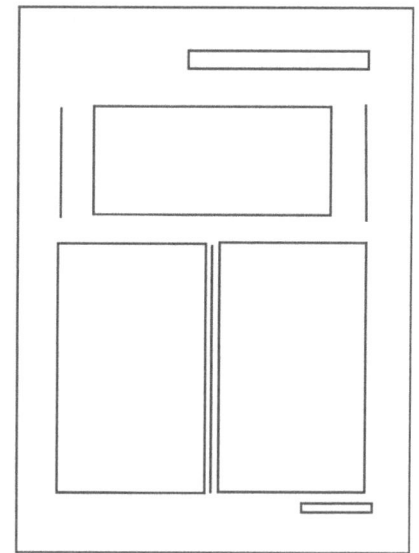

图1-25　纯文字版式设计模式图

（二）带标题的版式设计

对于图1-26图片少文字多的版面设计，同学们的借鉴有以下几方面：

1. 篇、章页标题设计

好的版式设计离不开篇、章页的标题设计。通过图1-26看出，标题的上面留出了空白，在空白中设计了紧靠书口的页眉，打破了标题上方的长方形空白，使粗重死板的标题增添了一丝的灵动，在形式上也似乎打破了某种均衡。标题的字体为黑体，排列成左齐右不齐，右侧的空白部分插一小幅图片，下面还配有反白英文的色带作装饰，这种设计无论是内容的需要还是从形式上考虑，都是可取的。

一般来说，留白、字体、字号、位置、装饰构成了标题设计的五个因素。

2. 版面艺术形式设计

左页面文字版心比标题窄1/5左右，首图伸出，左侧与标题齐。尾图与首图呼应，略小于首图，并且在文字版心内。标题右侧空白较大，放一图片使标题丰满美观，同时也稳定了画面重心。右页面的图片排列很有秩序感，不零乱，设计时注意了视觉流动。由于上下是两个内容，所以下面文字版心用浅紫色衬托加以区别。

图1-26　带标题的版式结构
(〈包装与设计〉杂志内页)

3．整体色彩的协调设计

每页图片的色调尽量处理协调一致，主要图片要突出醒目。右页面由于图片较多，在设计时避免色调花乱，下面四个设计师的头像处理成黑白，黑白头像处理与整体色彩既调和又有变化。

4．左右两页的协调关系

版式设计必须把左右两页作为一个整体来考虑，左页和右页的版式都是右齐左不齐，形式统一。左页下窄，右页上窄，形式对称还有变化。

操作要求：

(1) 准备8开纸板一张。在纸板上用铅笔和直尺画出版式模式图（见图1-27），书籍开本为小16开（185mm×260mm），画出版式模式的设计尺寸。图1-28为版式设计的视觉流程图。

(2) 将准备好的一些图片和文字按版式模式线框尺寸裁切，粘贴在纸板上。

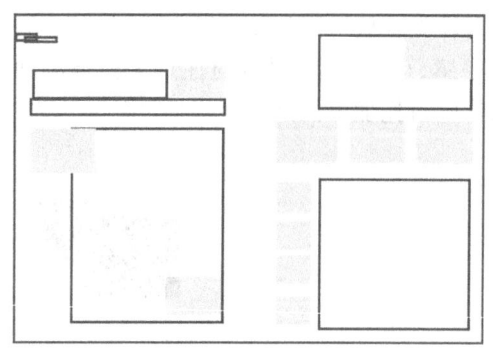

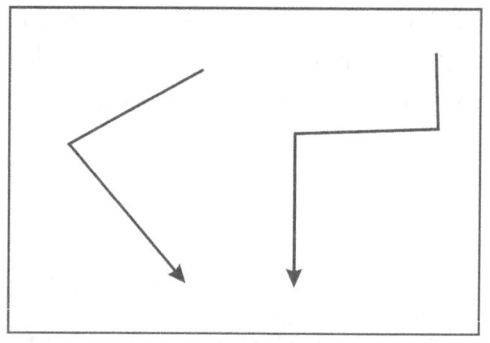

图 1-27　带标题的版式设计模式　　　　　图 1-28　版式设计的视觉流程图

实训教学四　版面装饰设计的临摹借鉴

　　版面装饰设计是在版面上做一些适当的点缀和装饰，用来营造温馨的阅读氛围和美化书籍。版面装饰设计好比做菜用调味儿品，不放觉得没味儿，放多了就难吃，所以一定要适当。我们在版面装饰设计中，也忌讳毫无目的随意添加装饰图形，避免造成花乱以至影响阅读效果。添加的图形应该与书籍的内容和题材相吻合，装饰的风格应该与书籍的整体设计相统一。

（一）带书口和图形的版面装饰设计

　　图 1-29 是《名家鉴画探要》一书的版式设计。该版面的装饰设计借鉴了我国古代

图 1-29　带书口和图形的版面装饰设计
（宁成春　设计）

书版设计的特点，如外线框（界栏）的装饰设计和半鱼尾的书口设计等；巧妙地添加了与书稿内容相关的图形，这不仅装饰了版面，美化了书籍，还使人一看就了解了书的题材；章节设计改用大写数字"壹、贰、叁"，凝练独特。

《名家鉴画探要》的版式装饰设计很好地起到了烘托内容、美化版面的作用，使版面设计的风格与书稿的内容和题材协调统一，呈现出传统的、文化的艺术底蕴。由于线框的设计巧妙，版面装饰使内容清晰、有序、易读、流畅，这正是同学们应该学习和借鉴的。

（二）带页眉和图形的版面装饰设计

图1-30是《风格词丛书》的版式设计。该版面的装饰设计，主要是对页眉进行了个性化的设计。首先将页眉线加粗伸长，而且粗线和细线对比并用。在细线中间部位设计了长方形块，长方形块的外侧还依附设计了并行的细线，而长方形块的上下则是检索的词作者和词牌名称。下方页眉线粗细并用，末端连着页码和耐人寻味的图形。

整个版面设计装饰感强，又与古典诗词的意蕴相契合，是版面装饰设计的成功典范。

图1-30 带页眉和图形的版面装饰设计
（邓中和 设计）

同学们在借鉴以上两种版面的装饰设计时，可以按照原稿图形临摹，也可以选择相类似的图形进行设计，版面的构图和风格遵照原稿。每个页面尺寸为大32开（140 mm×

203mm）。

在以上的实训教学中，可以根据实际情况选择手工制作和电脑设计，手工制作速度慢但印象深刻，记忆牢固，电脑设计速度虽快但忘得也快。

实训教学五　各种版式设计

根据下面的图例或前面的版式设计模式，用电脑设计出6~8幅双页版面。要求：
（1）教师在主机里准备文字内容和图片资料，上课时供学生拷贝。
（2）结合当地的制版设计公司情况，使用相适宜的电脑设计软件进行具体设计。
（3）学生在设计时，设置页面尺寸以小16开设定。
（4）设计时注重画面的形式美，文字和图片内容可以不考虑。

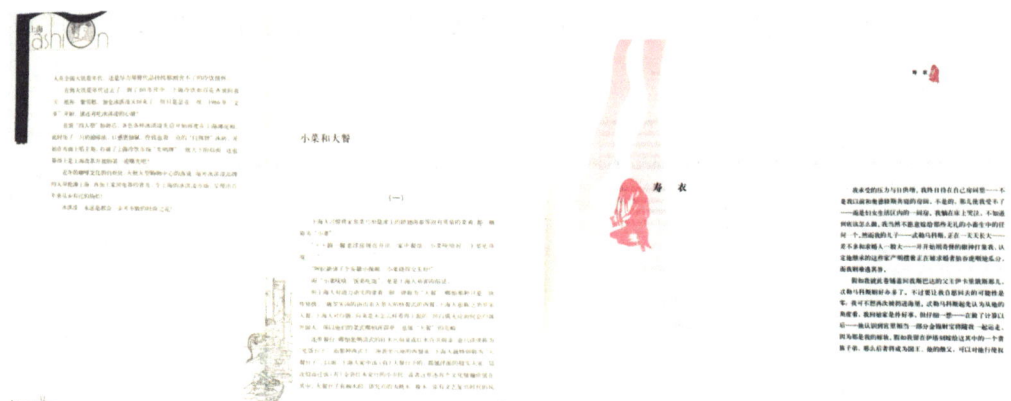

图1-31　带装饰图形的版式设计　　　　图1-32　带装饰图形的版式设计
　　　　（陈楠 设计）　　　　　　　　　　　（张孜滢等 设计）

 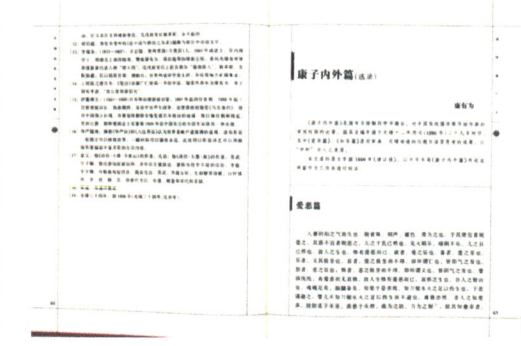

图1-33　骨骼版式设计　　　　　　　图1-34　骨骼版式设计
　　　（吕敬人 设计）　　　　　　　　　　（刘晓翔 设计）

图1-35 骨骼式版式设计
（合和工作室 设计）

图1-36 竖排版式设计
（曹琦 设计）

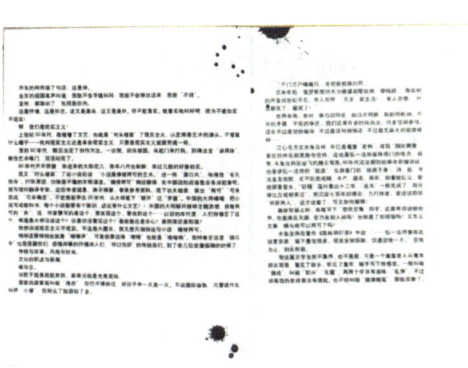
图1-37 一宽一窄的版式设计
（陈天佑 设计）

图1-38 均衡整齐的图文版式设计
（陈天佑 设计）

图1-39 以图片为主的版式设计
（吕敬人 设计）

图1-40 传统与现代融合的版式设计
（朱赢椿 设计）

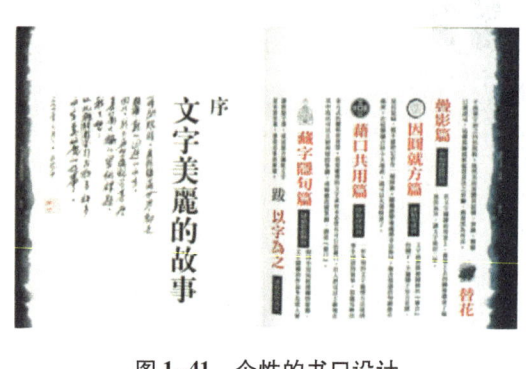

图 1-41　个性的书口设计　　　　　图 1-42　活泼趣味的版式设计
（全子、王序 设计）　　　　　　　（一直、陈缨、李鹄 设计）

第二部分

插图设计

插图设计的实训教学，根据理论教学的内容顺序，共安排了三个方面：肖像性插画作品的临摹与借鉴、情节性插画作品的临摹与借鉴、装饰性插画作品的临摹与借鉴。其中肖像性插画包含一个训练内容；情节性插画和装饰性插画各包含两个训练内容。

实训教学一　肖像性插画作品的临摹与借鉴

要画好插画，先要把素描、速写这些基本功练好。素描训练对光影、构图的把握，速写训练对形态的快速描绘能力，用简单的笔调快速绘出影像感觉，抓住对象的主要特征。然后就可多尝试用不同颜料作画，像水彩、油画、色铅笔、粉彩等，找到适合自己的上色方式。同学们并非美术专业学生，所以我们在练习插画时着重体会插画的表现形式和不同的风格。

通过实训课程，了解插图绘制的基本方法、插图面向的对象、插图的实用功能、插图的技巧与材料运用，同时提高艺术鉴赏能力。

1. 肖像性插画的临摹与借鉴的注意事项

（1）肖像性插画要着重突出人物性格特点，插画中的肖像人物要个性鲜活。

（2）人物的眼部神态是刻画的重点，如图2-1是职业肖像插画，绘画时要突出人物职业特征，工作时的神态。著名人物肖像插画要突出人物的相貌特征。图2-2为肖像性插画起稿。

（3）肖像插图在用笔时要掌握主次关系，五官着重刻画，头发用简单的线条概括，除非人物的头发是标志性特征。

（4）绘画的线条运用具有节奏感，就像音乐的音符，有高有低，有快有慢，有重有轻，有连续有停顿。

2. 操作方法和要求

（1）准备一张16开白纸板，注意纸质要精细、光洁。

（2）先用HB或B的铅笔画起草图，先画出人物肖像大体轮廓（见图2-2）。

（3）接下来用简略的弧线及其交叉，确定五官的大体位置、宽度。这一步十分重要，

图2-1　职业肖像插画

图2-2　肖像性插画起稿

它直接影响到肖像画的整体和比例关系。见图2-2。

（4）用铅笔仔细刻画人物五官、表情，注意用笔要轻，便于擦拭修改。

（5）接下来就是填色了。注意颜料和水的比例要适当，太浓会使画面凹凸不平，甚至出现干裂。太稀薄的话又会使色彩不浓，颜色的深浅不一，也会使颜色流动，弄脏画面。

（6）用勾线毛笔给人物勾边，注意墨的量适当，且不可太多滴落弄脏画面。同学们在勾边时，注意笔触的粗细和线条的流畅。勾边时不能断断续续、线条颤抖。有必要的话，可以使用硬性笔勾勒。

（7）最后可用黑色笔和白色颜料对图进行修整。

（8）用时大约2学时。

实训教学二　情节性插画作品的临摹与借鉴

情节性插画是书籍的另一种文字语言，它使得文字描述的故事情节更加生动形象和直观。同学们在绘制情节性插画时，要依附于文字内容考虑：插图中的中心主题要如何体现？插图的背景中要反映怎样的信息？如何从插图中的细节表现更多的内容？这幅插图要通过什么来打动读者等？

通过实训课程，了解插图绘制的基本方法、插图面向的对象、插图的实用功能、插图的技巧与材料运用，同时提高艺术鉴赏能力。

（一）情节性插画A

1. 解析范图作品的艺术性

（1）如图2-3所示插画是配合讲述：美国新泽西—迈哈顿航线兼A-P-T卡车运输公司的总裁阿曼·英佩拉托雷回忆他10岁在糖果店打工的经历。老板故意在桌脚下放了15美分,来考察他是否诚实,是否值得信任的事情。

(2)面对的读者为青少年学生,插画整体风格生动、明快,人物线条、形态清晰。让读者得到感性认识的满足。

(3)在人物的刻画上,以简单线条表现出生动的人物形象。塑造比例上,卡通人物常以1:2或1:1的大头形态出现,这样的比例可以充分利用头部面积来再现形象神态,更加突出地反映人物的脸部表情。

(4)在色彩的运用中,没有强烈的对比,而是利用不同颜色相似或统一的色调,调节画面色彩,出现柔美的感觉。

2. 操作方法和要求

(1)准备一张8开纸板,注意纸质要精细、光洁。

(2)先大体定出每个人物和背景的位置,也就是画面的分割。

(3)用HB或B的铅笔用概括的直线起稿,画出人物形象的外轮廓。注意铅笔笔心不宜太硬或太软。太硬纸面容易出现笔痕,太软容易弄脏纸面。

(4)用黑色针管笔或钢笔描绘出各形体的外轮廓。注意画直线时尽量不要用直尺,手绘直线的方式使画面更加亲切、自然。

(5)用水粉颜料给人物形象和背景进行着色。注意:颜色的填涂方向以形状流向为准,如图箭头所示。同时水和颜料的比例要适当。

(6)等到颜色全部干透,再用黑色水笔画出插画的细节部分,用毛笔加上人物的头发等。

(7)最后可用黑色笔和白色颜料对图进行修整。

(8)用时大约4学时。

(二)情节性插画B

1. 解析范图作品的艺术性

(1)如图2-4所示插画是配合讲述:一名普通的商场售货员,在平凡的工作岗位上只要用心工作,不断提高业务能力,同样可以不断地提升自我,享受到工作成果带来的愉悦和满足。

(2)面对的读者群同样是青少年,所以在处理画面时尽量简洁、明快,人物线条、形态清晰。

(3)在人物的塑造上着重突出人物的表情,并且人物表情往往也是点明主题的关键。例如图中可以看到顾客满足感,售货员表情的愉悦。

(4)主体人物以色彩图来表现,背景以黑白线条进行简单勾描,使得整个画面主次分明、空间感强。

2. 操作方法和要求

(1)准备一张8开纸板,注意纸质要精细、光洁。

(2)先大体定出每个人物和背景的位置,也就是画面的分割。

(3)用HB或B的铅笔用概括的直线起稿,画出人物形象的外轮廓。注意铅笔笔心不宜太硬或太软。太硬纸面容易出现笔痕,太软容易弄脏纸面。

(4)用黑色针管笔或钢笔描绘出各形体的外轮廓。注意画直线时尽量不要用直尺,手绘直线的方式使画面更加亲切、自然。

（5）用水粉颜料给人物形象和背景进行着色。注意：颜色的填涂方向以形状流向为准，如图箭头所示。同时水和颜料的比例要适当。

图 2-3　情节性插画 A　　　　　　　图 2-4　情节性插画 B

(《生涯规划》，上海华东师范大学出版社中职部)

（6）等到颜色全部干透，再用黑色水笔画出插画的细节部分，用毛笔加上人物的头发等。

（7）用时大约 4 学时。

情节性插画参考图例如图 2-5～图 2-8 所示。

叉叉熊在林间散步，
风轻轻吹过，花香四溢，
小鸟在身边唱歌，他慢慢跳起舞来。
你问他哪里感到幸福，
他会轻轻摸他的心。

图 2-5　几米插画（一）

叉叉熊心情沮丧时，喜欢爬到高高的树上，
对着天空大喊三声，
"叉叉熊加油！心情加油！宇宙加油！"
当他再低下头时，
他所看见的世界的确在一瞬间光明灿烂起来！

图 2-6　几米插画（二）

叉叉熊跟着黄秋秋去找寻转眼消逝的美丽。
他闭上眼睛努力地回想，
曾经短暂出现在他身边的幸福。
想着想着他睡着了，
梦里的幸福像大雨般地落下，
让他感到好安全好温暖……

　　图 2-7　几米插画（三）

叉叉熊为自己的受虐感到自责。
微风吹过，对他说："这不是你的错。"
玫瑰花开，对他说："这不是你的错。"
大树人温柔地将他抱起来，认真地对他说：
"不管这世界如何残酷地对待你，都不是你的错。
请你相信，黑暗的背面一定有光……"

　　图 2-8　几米插画（四）

实训教学三　装饰性插画作品的临摹与借鉴

　　装饰性插画即通过装饰性的图形、色彩、造型把所要表现的人物、风景等形象加以美化与修饰的插图形式。较之写实插图，装饰性插图更加简洁概括，富有装饰味儿，以其优美的艺术视觉效果引起阅读者的兴趣。

　　通过本次实训课程，体会插画的装饰性。提高同学们的造型能力、色彩运用能力。

（一）装饰性人物插画

1．解析范图作品的艺术性

（1）如图 2-9 所示装饰性插画线条流畅，像诗歌、像舞蹈给人美的视觉享受。装饰性强，大大增加了读者的兴趣。

（2）为了表现女性的美，人物造型上采用夸张的画法。例如手、胳膊与腿更加纤细，胸部、腿部刻画得更加圆润。

（3）人物的脸部并没有进行详细的刻画，为了更加突出人物的形体美。

（4）背景以细长的花纹来进行装饰，更加衬托了女性的柔美。不同深浅颜色的处理增加了画面的层次感。

（5）人物的动态和背景花纹的曲线相得益彰，活灵活现。

（6）色彩上运用类似色相、类似色调配色，色调柔和、和谐统一。

　　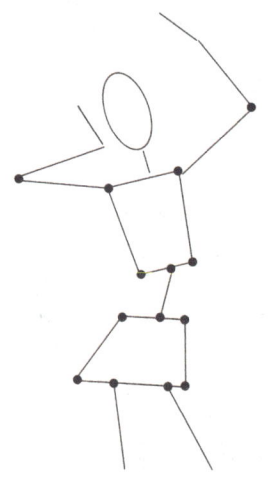

　　图 2-9　韩国人物插画　　　　　图 2-10　人物插画的动势

2．操作方法和要求

（1）准备一张 8 开 80～100g/m² 的书写纸或图画纸，注意纸质要精细、光洁。

（2）先用铅笔定出人物的大体位置和人物各部分的比例，以及背景花纹的大体位置。

（3）用直线条画出人物的动态骨架。这一步非常重要，决定着人物形态是否优美，重心是否稳（见图 2-10）。

（4）人物的动态确定好了以后，用铅笔画出人物的轮廓。注意线条尽量柔和，比例上有意识地拉长腿部线条。

（5）为插画加上花纹，这一步要非常细致。

（6）在对插画进行着色时，按照颜色的层次来填。最好待一种颜色干透后，再填另一种颜色。在画花纹时可选用小号勾线笔一笔勾出，注意花纹的粗细变化。

（7）用时大约 4 学时。

（有电脑基础，也可用电脑绘画）

（二）装饰性风景插画

1．解析范图作品的艺术形式

（1）如图 2-11 所示整幅风景插画给你非常清新的感觉，使人身心愉悦。

（2）天空的表现是重点，放射的线条使得天空有了生命力。虽然没有看到太阳，但仍然可以感受到太阳拨开云彩，照耀大地。

（3）色彩上使用比较明亮、纯净的颜色，使整个画面明朗。

（4）彩虹的绘制是整幅画的点睛之笔，丰富了画面，克服了用色的单调。

2．操作方法和要求

（1）准备一张 8 开 80～100g/m² 的书写纸或图画纸，注意纸质要精细、光洁。

（2）用 HB 或 B 的铅笔起稿，直接画出草地、树木等。注意同样用笔要轻，以便修改后不会留下笔迹。

（3）天空的光线可用直尺直接画出。注意为了不弄脏画面，直尺在使用时记得用卷纸不断擦拭。

图 2-11 韩国风景插画

（4）绘制彩虹时可用圆规，规范绘制，也可徒手绘制。

（5）本插图最重要的是着色部分。许多的渐变色块，要一气呵成，不能待深色干后画浅色，这样过渡不自然。

（6）着色的顺序，先对蓝天进行着色，再填充光线，后画草地等。由远及近逐步填色。最后用小号勾线笔直接画出小草。

（7）用时大约 4 学时。

（有电脑基础，也可用电脑绘画）

装饰性插画参考图例如图 2-12 ~ 图 2-14 所示。

图 2-12 装饰性插画

图 2-13 装饰性插画

图 2-14　装饰性插画

第三部分

封面设计

　　封面设计的实训教学，是实训教学中的重点内容。它所涉及的艺术层面较宽，笔者认为，有了版式和插图设计基础，才能设计出更为理想的封面，所以把封面设计的实训内容放在最后来训练，这样能水到渠成，顺理成章。

　　当然，在书籍设计开始的策划阶段，封面设计往往要同版式设计一起考虑，它与版式设计是不分先后顺序的。封面的设计是如何艺术地表现书稿的内容，而版式设计是如何温馨地再现书稿的内容，两者既有相同之处，也有不同之处，但从审美意义上，全书的整体设计风格的要求是相同的。比如：在全书设计中，风格是简约还是繁缛，整体要统一；在全书设计中，感觉是现代还是传统，整体要统一；在全书设计中，色调是华丽还是朴素，整体要统一；在全书设计中，设计元素是一致还是类似，整体要统一。这些诸多问题有的要进行通盘考虑，要不断调整和完善。

实训教学一　以字体为主的借鉴设计

　　文字是封面设计中的重要语言，它既可以点名主题，同时也可以作为图形起到装饰的效果。其"形"的变化会给人微妙的象征提示和复杂的心理暗示。

　　书名在书籍封面中占有最重要的地位，在书名字体的选择上要符合全书的个性。用色和构图，都应服从于书名，有利于突出书名，而不是被封面的色彩和图案所淹没。有的书名往往直接设计成图形，作为封面的主体。

　　通过对作品的借鉴、临摹，同学们着重体会字体在封面设计中的运用，不同的主题是如何与文字搭配的。设计书籍封面时要注意字体的风格属性与书的风格属性统一和谐。

（一）临摹、借鉴美术字体

　　美术字体是经过艺术加工的实用字体，字体整齐、醒目、易于识别，在各类广告、报刊杂志和书籍的装帧上都离不开美术字的运用。美术字体设计往往是美术、设计专业的必修课程。

1．解析范图作品的字体运用

（1）封面没有用烦琐的装饰图形，而是以书名作为整个封面设计的主题，醒目、大气。整个版式垂直构图，整体上具有严肃、庄重、刚直的风格，与书籍的风格统一（见图3-1）。

（2）英文书名采用比较厚重的字体，视觉冲击力强。中文字体采用规则的美术字体，外形规整，点画变化统一，给人诚实可信之感。

（3）黑色矩形框的运用更加突出了中文书名，书名与书籍摘录形成了大小、疏密的对比，使版式更加有节奏感。

2．操作方法和要求

（1）准备一张8开白纸板，画出书籍封面的尺寸（大16开210mm×285mm）。

（2）构图。进行版面分区，确定字的大小和位置（见图3-2）。

图3-1　书名以美术字来作为版面的主体
（《从优秀到卓越》，中信出版社）

图3-2　范图起稿

（3）布局。美术字的布局首先要了解字体的组织结构和基本笔画的特点。

汉字的组合结构大体有单独结构，如"戈"等；有左右结构，如"优"等；有左中右结构，如"健"等；有上下结构，如"岩"等；有上中下结构，如"草"等；有里外封闭结构，如"国"等；有里外半封闭结构，如"匡"等，还有"品"字形组合的，如"淼"等。布局时应按照每个字的组合结构，划分各部分的比例。如图3-3所示。

（4）定骨架。用铅笔和直尺划出字形，用笔要轻，笔迹宜淡。

（5）双勾字形。笔画粗细要统一，按骨架的位置画出笔画。

（6）字体填色。按设计需要选择颜色，填色一般先画轮廓，再在中间填色。注意如果文字是白色，就直接填充背景色。

（7）背景填色。大面积的色块填色应按照统一的方向，这样着色才均匀。

（8）用时大约2学时。

特别注明：书籍封面的小字可直接用黑色水笔书写。

（二）临摹、借鉴书法字体

书法具有强烈的艺术感染力和鲜明的民族特色以及独到的个性。讲究的是一气呵成，疏密排列可根据自己的审美观念和艺术章法，字形可大小穿插，字距可插密排列，而不同于美术字讲究笔划的规范，字形和字距的统一。

1．解析范图作品的字体运用

（1）封面设计中文字类型及祥云图案的运用，整体风格统一，渗透出书籍的"古"韵味，和书籍所记录的历史特征相吻合，给人印象深刻（见图3-4）。

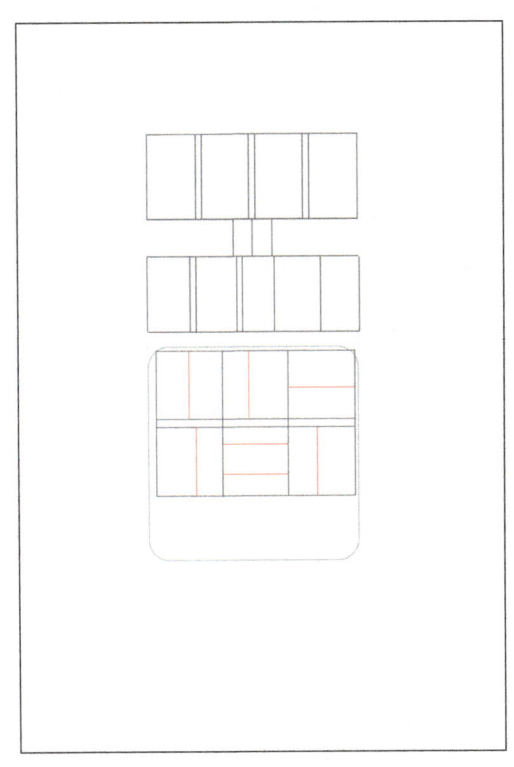

图3-3　美术字布局

图3-4　书名以书法字来作为版面的主体
（〈万历王朝之暮色苍茫〉，南海出版公司）

（2）封面设计中醒目的书法体，具有强烈的艺术感染力和鲜明的民族特色，符合书籍内容风格。

（3）两种字体的运用，使版面灵活、丰富。并且两种文字的大小对比、排列对比、空间上的运用产生强烈的形式美感。

（4）书名文字的聚集构图排列，在人的心理上产生紧张密集的感觉，从而吸引读者的注意力，并能增强视觉冲击力。文字居左的聚集排列形成了底纹的大面积"留白"，整个版面有紧有松、疏密得当。

（5）书名与毛笔勾线，构成了一个半圆图形，加上书法特有的韵味，装饰效果、图形感都非常强。

2. 操作方法和要求

（1）准备一张8开白纸板，画出书籍封面的尺寸（大16开）。

（2）按照样张画出底纹，对底纹进行涂色。注意先涂底色"浅红色"，再涂图案"深红色"。调色不易太稀薄，防止颜色互相渗透。

（3）根据具体开本尺寸的需要，进行版面分区，确定字的大小和位置，花纹的大小、位置，如图3-5所示。

（4）打格。用铅笔直尺，划分出具体的字体大小。接下来美术字的写法同（一）实训相同，如图3-6所示。

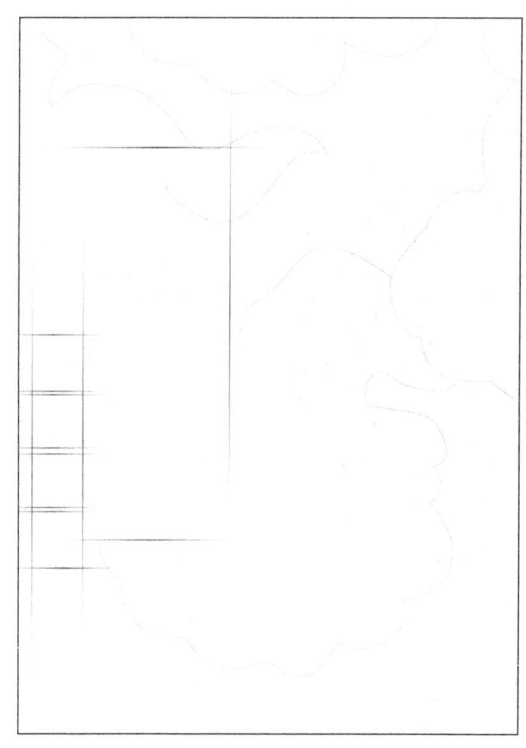

图3-5　版面分区

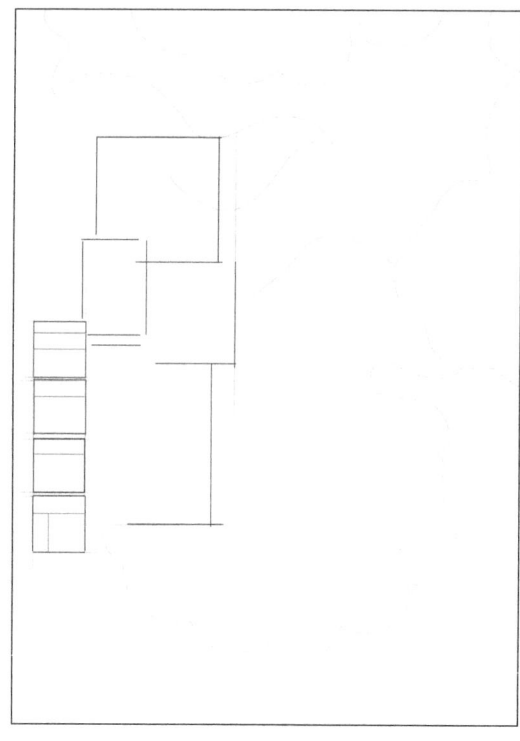

图3-6　打格

（5）用小号笔填充黑色美术字"暮色苍茫"。

（6）先在草纸上练习书法字，待页面干透后一气呵成（可自己创作）。

（7）用时大约2学时。

（三）临摹、借鉴艺术字体

书名字体设计要立足于书籍内容、品质定位，通过文字图形化或通过计算机辅助设计来传达书名寓意，找到书籍内容与封面文字所要表现的切入点，有针对性地进行字体设计。

1. 解析范图作品的字体设计

（1）《快乐韩国语》书名字体的设计要体现出"快乐"两字，所以字体的整体设计呈现出活泼、轻松的感觉，如图3-7所示。

（2）在字体的设计中，不同文字笔画运用相同处理手法，如书名中笔画曲线变形，让整个书名自然、统一，增加了趣味性。

（3）在字体的设计中也用到了连笔方法，如"快"与"乐"的两处连笔设计。使书名加强了观赏性，提高了字体的整体视觉效果。

（4）字体的设计，可以对笔画变形，但要保持字体形态的正确性。汉字的点划撇捺，无一不是构成文字本身不可变异的因素，不能生硬地无目的地扭曲笔画。

2. 操作方法和要求

（1）准备一张8开白纸板，画出书籍封面的尺寸，以大16开为准。

（2）根据具体开本尺寸的需要，进行版面分区，确定字的大小和位置以及封面图案的形状和位置。如图3-8所示。

图3-7　书名的字体设计　　　　　　　图3-8　封面的起稿
（《快乐韩国语》，外语教学与研究出版社）

（3）背景填色。先填充大面积的色块，待干后再调和略深的颜色画出背景图形。注意边沿的处理，如：先填大块的蓝色和绿色，待这两种颜色干透后再填充中间的白色图案。

（4）布局。布局时同样按照每个字的组合结构，划分各部分的比例。忽略笔画变形的部分。

（5）定骨架。用铅笔和直尺划出字形，用笔要轻，笔迹宜淡。

（6）双勾字形。根据画笔笔画形式，按骨架的位置画出笔画。注意画笔形式的统一性。

（7）字体填色。按设计需要选择颜色进行填充。填色渐变字体色时，注意颜色的过渡。

（8）用时4学时。

实训教学二　形式构成和色彩的借鉴设计

形式构成和色彩设计最能体现出设计者的设计基本功。大家在临摹和借鉴的时候，也最容易吸取和掌握作品的艺术形式和色彩搭配，因为这是最直观的艺术表现。在操作本实训内容之前，教师要准备足够的图片放在主机里，以便学生调用。

（一）简约之美

1. 解析范图作品的艺术形式

如图3-9所示，这是一套建筑艺术类的书籍。封面设计上图形和字体并没有塞满纸面，也没有浓妆艳抹，而是以洁净高雅的艺术品位呈现在读者面前，大气而简练的形式构成书脊，蕴含着设计者丰厚的艺术功力和审美趣味。

本套书的书名字都是四个字，所以尽量放大，与另一行字形成反差，醒目突出，整齐地排在一组图形之间，整体上齐下不齐。如图3-10所示。

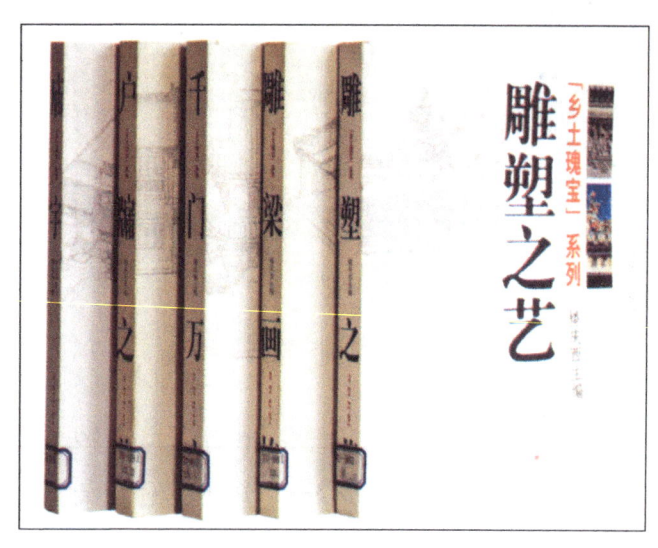

图3-9《乡土瑰宝系列》海洋
（苗洁 设计）

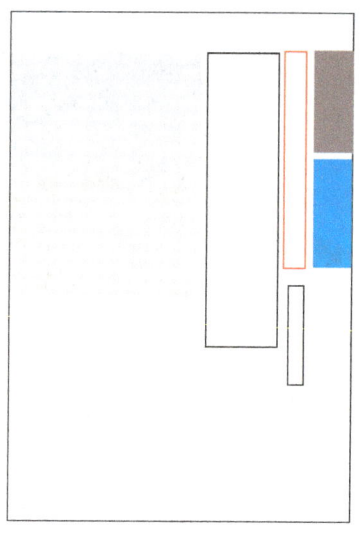

图3-10　封面形式构成

设计最有品位的是大面积古代建筑图形，设计者很有修养地把建筑图以浅灰色线框来表现，这样处理使建筑图形本身与色彩和粗重形成强烈对比，更使画面形成高雅而朴素的气质和前后空间。这样的艺术处理手法才是同学们必须借鉴的。

色彩方面是以黑白为主，并以少量的色彩加以调剂，恰到好处。

2. 借鉴的操作方法

该封面的借鉴设计可在电脑上进行。下面以 CorelDRAW 软件为例，简单介绍如下：

（1）在 CorelDRAW 中，建立一页面，前封的尺寸为 210mm×285mm，页面大小为 216mm×288mm（加出血）。

（2）按图 3-10 的版式模式画出模式图。

（3）自己设计书名字（最好 4 个字）和其他内容，字体和色彩同作品一致。

（4）导入两张彩色图片，以有蓝色背景为好。放入模板中彩色图片位置。

（5）导入一张大的图片，并执行文件菜单：点阵图—轮廓图—边缘侦测命令，仿制范图中线描图效果，设计制作黑白线描图形。

（6）按范图作品设计出书脊，并设计制作套书。

（7）用时 2 学时。

（二）繁缛之美

1. 解析范图作品的艺术形式

如图 3-11 所示是设计类的期刊杂志，全国畅销。封面设计当然更不能逊色。

这是一种典型的繁杂构成，处理不好，则低俗、杂乱。设计师的高妙之处，就是能用各种方法，把一般人处理不好的画面加工成很好的艺术作品，俗话说，艺高人胆大。

整体的构图形式别具一格，令人耳目一新，随意之中透出精心设计的法度，倾斜的一组文字使构图更加神采飞扬，不仅打破了画面的平静，也是艺术中的俏皮之处，很吸引观众的眼球。

画面的主体，是由三个图形和许多的文字构成，大致的骨骼线分布如图 3-12 所示。在文字的填充设计上，采用段落文本填充，使字体颜色呈灰色，这又是值得大家学习之处。这样的色彩使得图形在前，文字在后，在两个层面上设计也能避免多而不乱。图片的选用最好是立体图形，在排列时注意图片的走势。

这一组封面设计的成功之处，还在于色彩的处理与搭配。在色彩上主要采用低纯度的色彩，包括画面图片色彩的降调处理等，这样都能使色彩更加调和。仿佛在原来色彩上罩了一层灰白色的面纱一样，雅致而亮丽。这种色彩的处理使画面繁而不杂，多而不乱。

2. 借鉴的操作方法

（1）在 CorelDRAW 中，建立一页面，尺寸为 253mm×256mm。

（2）按图 3-12 画出大致的构图，填充底色。填充底色时，同学们可自己选择与作品底色相接近的色彩，纯度略低即可。

（3）自己设计书名和其他较大的文字，字体选用与范图中相近的字体，并变成空心字。导入一些段落文本，执行效果菜单下的图框精确剪裁命令，用文字填充书名和一些较大的文字。颜色参考范图色彩。

图3-11 《装饰》杂志封面
(吴勇 设计)

（4）应用的图片，如果色彩鲜艳，可以在photo里把饱和度降低。选取所用的某一图形，然后复制，保存到透明等。这样在CorelDRAW中导入保存过的图片，才没有背景。

编排图片可参考范图作品。

（5）打出小字并按范图排列。

（6）设计四张类似范图的封面作品。

（7）用时4学时。

（三）编排之美

1. 解析范图作品艺术形式

在基础理论中我们讲过，摄影图片在封面设计中，

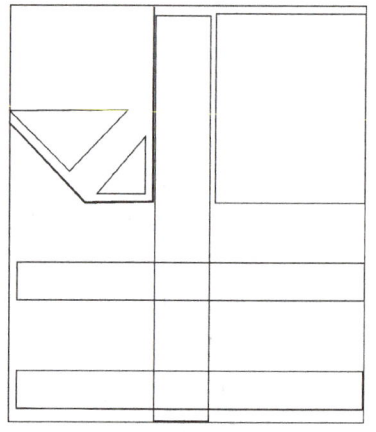

图3-12 封面的大致构图

具有相当大的魅力。封面设计的最直接的方式,就是以图片为底,上面是文字。在图3-13的四幅封面设计中,采用远镜头的风景作为背景,为了避免色彩的花乱,背景图片大多处理成黑白和单色,其中一半又用透明的色彩遮掩,这样,色彩和构图都有了变化。整体外边框和上面带边框的图片以及组合的文字,形成封面设计严肃而浓郁的风格,画面以其强烈的形式感震撼着读者的心灵。同时,不同纯度的色彩表达了不同的书籍内容。

图3-13　图片处理与文字编排相统一的最佳形式
（王义刚、任惠安 设计）

2．具体借鉴方法

（1）在《记忆天津》的封面设计中，封面尺寸设计为大 16 开（210mm×285mm）。

（2）在 CorelDRAW 中新建页面，页面大小设置为 216mm×288mm，并按图 3-14 画出封面结构模式图。

图 3-14　封面的结构模式图

（3）按范图色彩填充外边框。

（4）选择风景图片，图片在 photo 中处理成黑白图片或古旧色彩（利用去色和色彩平衡命令）。

（5）回到 CorelDRAW 软件，导入处理过的图片，将图片拖到模式图的框内。这里说明一点，在本实训的电脑操作过程中，为了便于教学，没有对图片进行详细的说明。如果是用于真正的色彩印刷，则要求图片的分辨率为 300dpi，色彩模式为 CMYK，图片的尺寸也要在 photo 中根据需要设置妥当，最后保存的格式为 tif 格式等，这样，才可导入到其他软件里进行编辑和应用，最后制版印刷。

（6）在导入的图片上，用矩形工具画出版式模式一半的矩形。利用菜单中效果—滤镜命令，打开滤镜对话框，为图片添加透明滤镜片，色彩根据范图色彩选择。

（7）选择图片，处理成黑白，并增强其对比度（图像—调整—明度/对比度），按范图加外边框和方格纸效果（工具箱中的方格纸工具）。

（8）设计书名字和其他文字，构图按版式模式进行排版，书名和其他文字的字体效果和色彩同范图。

根据《记忆天津》的借鉴设计，完成其他三幅的封面借鉴设计。

实训教学三　电脑创意设计

实训（一）

1. 解析范图作品的艺术形式

（1）封面的色彩处理是设计的重要一环。得体的色彩表现和艺术处理，能使读者产生强烈的共鸣。色彩的运用要考虑内容的需要，用不同色彩对比的效果来表达不同的内容和思想。

（2）人们对色彩的象征含意的认识都有一定共识，图3-15所示，该书封面设计中色彩以青、白两色为主，使人马上联想到"青花瓷"。在色彩上体现"青花瓷"的特征，使人一目了然书籍所述内容。

（3）书名也以青、白色为主。蓝色条块，"阴"、"阳"字的表现方式，形成了深浅对比、活泼鲜明的风格，突出主题。

（4）封面的图案设计动、静结合，自然流畅。透露出"青瓷"洗尽铅华、古朴典雅、清新的独特气质，为读者营造了良好的氛围。

图3-15　效果图

2. 操作方法及步骤

（1）打开 Photoshop 软件，新建文档命名为"青花瓷"，如图 3-16 所示，自定义页面宽度 30cm、高度 20cm、分辨率 300dpi。

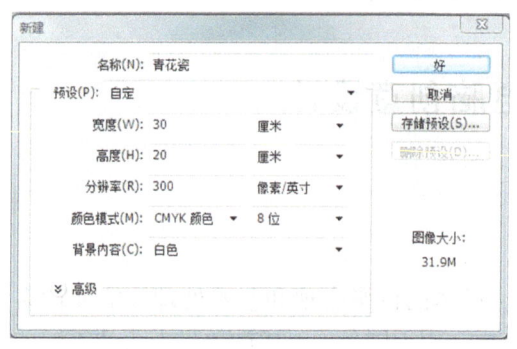

图 3-16　新建文档

图 3-17　在画布中添加参考线

（2）按 Ctrl + R 键显示标尺，按照下面的提示内容在画布中添加参考线以划分封面中的各个区域，注意各边 3mm 的出血。如图 3-17 所示。

（3）打开底纹素材 1，将其定义为图案，并新建图层、填充图案。根据所需效果调整图层的透明度。打开素材——瓷碟 1，将其拖动到页面，并按照样张适当剪切、调整位置和大小；将"图层模式"改为"正片叠底"。如图 3-18 所示。

图 3-18　"正版叠底"效果

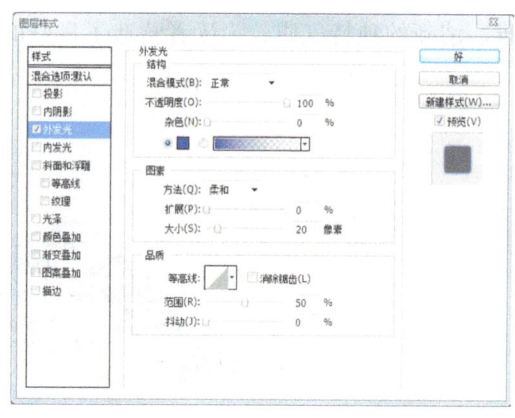

图 3-19　"字体设置外发光"窗口

（4）输入"青花瓷"文字，栅格化文字，按样张字体、选择颜色调整字体大小和位置。"瓷"字图层效果设置外发光，如图 3-19 所示设置参数。效果如图 3-20 所示。

（5）打开素材锦鲤、墨迹，将其拖动至封面，进行处理，按样张调整位置及大小。如图 3-21 所示。

（6）将封底底纹复制一层，按样张做出蒙版效果。将封面"青花瓷"书名，进行复制，保持相对位置不变，然后合并图层。把合并后的图层拖动到封底的位置，根据设计需要调整位置和大小。如图 3-22 所示。

图 3-20 "外发光"字体效果

图 3-21 调整位置及大小的效果

（7）打开素材——瓷碟 2，将其扣出，拖动至封底，按样张调整位置及大小。新建图层，根据瓷碟 2 的位置，拉动一矩形选区，填充白色，如图做出蒙版效果。同样方法做出蓝线。最后输入封底文字，注意图层顺序。如图 3-23 所示。

图 3-22 图层合并效果

图 3-23 封底效果

（8）新建图层在书脊中间拉出矩形选框，填充白色，利用蒙版做出两边的渐变效果，调整"透明度"为"60%"。输入文字"明清青花瓷鉴赏"。将底纹素材 2 定义图案，填充图案至圆形选区，"混合模式"正片叠底。"Ctrl + D"取消选区，增加花纹装饰。如图 3-24 所示。

（9）最后输入出版社名称，调整图形、文字位置，如图 3-25 所示。

图 3-24 增加图层文字与装饰效果

图 3-25 最终效果

（10）用时大约 4 学时。

实训（二）

1. 解析范图作品的艺术形式

（1）图形要根据书的内容加以选择。如纪实性的，宜选用具象的；如浪漫题材的，宜选用抽象的。选取的图形一定要和文字相互搭配，构图趋势和主体风格上应一致。

（2）书籍在图形、图片的选择上，充分切合主题"唐音"。选择唐朝代表性的"琵琶"为主要图形，直观、明确、易与读者产生共鸣，如图 3-26 所示。

图 3-26 《唐音》

（3）在选择书籍封面图形时，一定要充分领会书籍内容，选择要准确，不可张冠李戴。如唐朝著名乐器是"琵琶"，切不可选择其他朝代著名乐器。

（4）书名以书法体来表现，配以淡墨似水墨画。文字是字亦是图，本身就具有了很强的装饰效果。整个封面设计淡雅清新，似乎使读者听到了古人在弹琴、吟诗。

2. 操作方法及步骤

（1）新建文档命名为"唐音"，如图 3-27 所示，自定义页面宽度 30cm、高度 20cm、分辨率 300dpi。

（2）按 Ctrl+R 键显示标尺，按照下面的提示内容在画布中添加参考线以划分封面中的各个区域，注意各边 3mm 的出血，如图 3-28 所示。

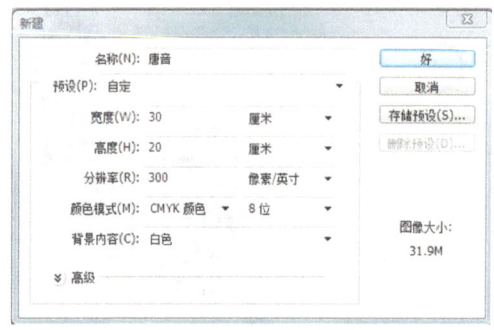

图 3-27 新建文档"唐音"

图 3-28 添加参考线

（3）新建图层，设定颜色为 C1、M4、Y8、K0，填充底色。打开素材找到纸张素材，将其保存成图案"纸张"，再次新建图层，填充"纸张"图案。并且把"图层模式"改为"正片叠底"，"透明度"设置为"40%"，如图 3-29 所示。

（4）新建图层选出书脊范围，填充白色，"透明度"设置为"50%"。打开素材——花纹 2 和花纹 3，将其拖动到书籍页面，按样张调整好位置。打开素材——扇子，将其拖动到页面，自由变换调整位置、大小、角度，更改"透明度"为"70%"，如图 3-30 所示。

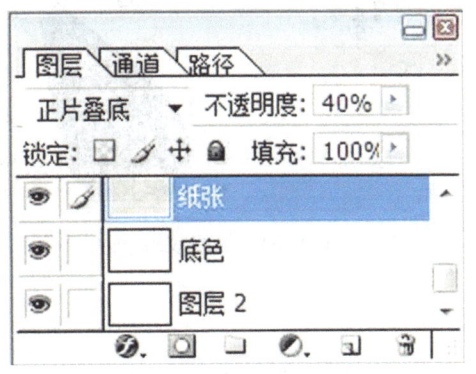

图 3-29　新建图层　　　　　　　图 3-30　置入封面素材后的效果

（5）打开素材——琵琶，将其拖动到页面，调整大小、角度，"图层模式"设为"正片叠底"。打开花纹 1 素材，拖动到琵琶图案之上，调整大小、角度，根据制作效果更改其透明度，如图 3-31 所示。

（6）打开素材——墨迹 1，将其拖动到封面调整角度、大小，将其"图层模式"改为"正片叠底"，"透明度"调整为"60%"。设置前景色为黑色，选择合适的字体输入"唐"和"音"，调整合适的大小、位置，增加文字"阴影效果"。接着打开素材——墨迹 2，放于合适的位置，如图 3-32 所示。

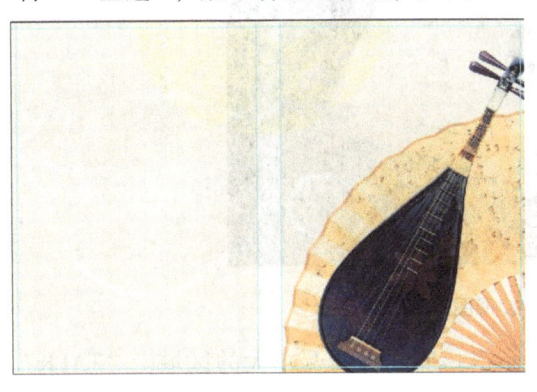

图 3-31　置入琵琶素材后的调整效果　　　图 3-32　将素材放在合适位置的效果

（7）复制"墨迹"、"唐"、"音"图层，将四个图层合并。合并后，等比例缩小，移动到封底，调整好位置。接下来打开素材——琴，调整大小、角度，设置"图层模式"为"正片叠底"，根据制作效果更改其透明度，最后将其移动到合并图层的下面，如图 3-33 所示。

（8）最后制作书脊文字、著作者名等。最终效果如图 3-34 所示。

（9）用时大约 4 学时。

注：同学们在实训时也可根据素材，大胆创意！

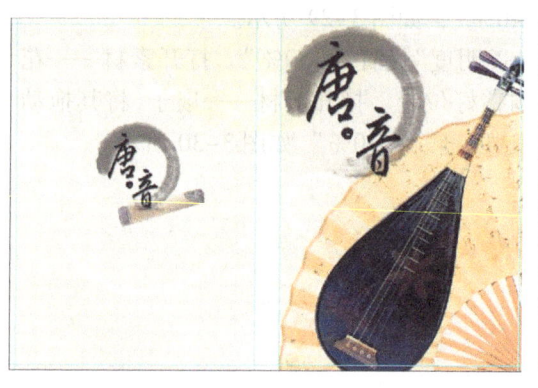

图 3-33　合并图层、修改后的效果

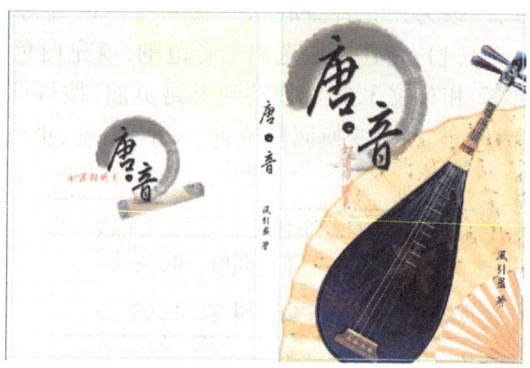

图 3-34　最终效果

实训（三）

1. 解析范图作品的艺术形式

（1）封面设计的构图，是将文字、图形、色彩等进行合理安排的过程，图、文的搭配和版面划分都是直接影响设计成败的关键。

（2）封面中英文的搭配，使版面形式灵活，亦可看作为图形，如图 3-35 所示。

图 3-35　效果图

（3）两种色彩垂直黄金分割线的分割，使得封面划分为两个大的区域。"TALK"的色彩处理，又使两种颜色有了交叉。打破了以前色彩的分割线，使版面色彩富有流动感。

（4）版面中文字的密聚排列、圆形箭头图形和版面右下方的留白，使得整个版面有紧有松、有大有小、有轻有重，富有变化、和谐统一。

（5）整个版面构图中，可以看到点、线、面的运用、结合，它们互相交织、融合、衬托，形成一种秩序和韵律。

2. 操作方法及步骤

（1）新建文档命名为"非常对话"，自定义页面宽度28.6cm、高度20cm、分辨率300dpi。拖动参考线分出书脊的位置。

（2）根据样张输入"TALK"，变换合适的大小、字体，将其［变换］-［旋转90°（顺时针）］。新建图层，根据页面拉出矩形选框，填充银灰色，效果如图3-36所示。

（3）将背景填充为C26、M87、Y75、K18的深红色。完成效果如图3-37所示。

图 3-36 效果图（一）

图 3-37 效果图（二）

（4）根据设计风格要求选择合适字体，输入书名"非常对话"，调整文字大小。将其栅格化作为图片处理，调整文字位置。做出样张所示箭头图形，如图3-38所示。

（5）新建图层，按［Shift］拉出正圆选取，填充黑色。选择［从区域减去］改变选取，填充银灰色。复制圆形图层，调整每个图形的位置和大小。输入封底文字，效果如图3-39所示。

图 3-38 效果图（三）

图 3-39 效果图（四）

（6）制作书脊，输入书脊文字。加上作者名、出版社名、条形码等，效果如图3-40所示。

（7）根据样张设计风格和设计思路，自己构思图形，进行系列书籍封面扩展设计，如"非常访问"、"非常报道"等。

（8）用时大约4学时。

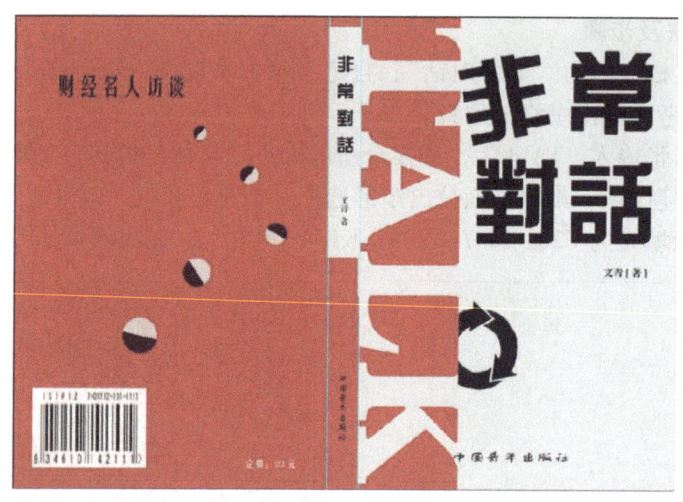

图 3-40　最终效果

实训（四）

1．提倡创意、酿造品味

（1）书籍封面设计充分体现了形式美的原则，体现书籍浓厚的文化内涵，封面的设计中颜色也切合读者群，富有底蕴，有深度，不轻浮、不媚俗。

（2）封面中的图形多用充满中国特色的纹样。在底纹的文字图案排列中，还运用竖排方式，更加富有中国文化韵味。

（3）封面的构图采用中国传统的中心对称，切合书籍内容的风格，给读者稳定、庄重之感。

（4）在封面设计中应体现设计者独特的创意，而不是电脑效果的大拼盘。也就是说电脑只是工具，设计的重点在于之前的创意、构思，切不可只为电脑效果而做。如图3-41 所示。

图 3-41　效果图

2. 操作方法及步骤

（1）新建文档命名为"民间艺术"，如图 3-42 所示，自定义页面宽度 30cm、高度 13.4cm、分辨率 300dpi。

（2）按 Ctrl + R 键显示标尺，按照下面的提示内容在画布中添加参考线以划分封面中的各个区域。如图 3-43 所示。

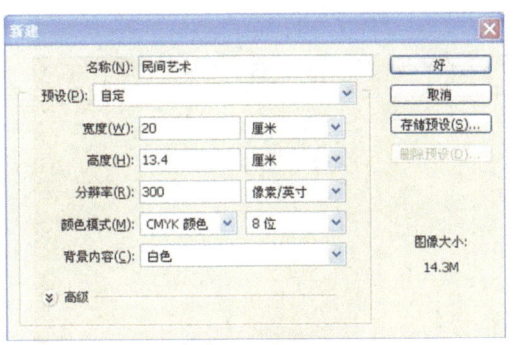

图 3-42 新建文档

图 3-43 划分封面区域

（3）新建图层，打开素材——底纹，将其拖动到页面，并按照样张适当剪切、调整位置和大小，如图 3-44 所示。

（4）新建图层，选取封面区域，填充 C29、M75、Y99、K15 的颜色。再选择矩形工具，半径设置为 50 像素，效果如图 3-45 所示；设置圆角矩形选取，然后按 [Delete] 键删除，效果如图 3-46 所示。

图 3-44 效果图（一）

图 3-45 效果图（二）

（5）打开素材——文字，将其拖动至封面，按样张调整位置及大小。为图层添加蒙版，如图 3-47 所示。

（6）输入"艺"字，颜色为 C29、M58、Y93、K11，调整［透明度］为"70%"，［填充］为 36%。打开素材——花纹 1，将其拖动至页面，按样张调整位置及大小，如图 3-48 所示。

（7）新建图层，按样张制作图形，填充颜色 C28、M65、Y98、K9，如图 3-49 所示。

（8）打开素材——图章，将其拖动到页面，复制图层，按样张调整位置、大小，如图 3-50 所示。将封底的图章图层添加图层效果，如图 3-51 所示。

图 3-46　效果图（三）

图 3-47　效果图（四）

图 3-48　效果图（五）

图 3-49　效果图（六）

图 3-50　效果图（七）

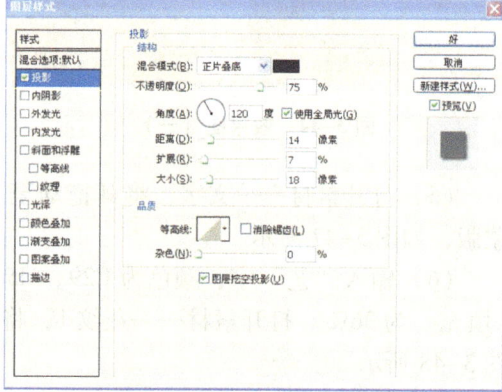

图 3-51　"图层样式"窗口

（9）新建一层按样张做出书脊图形。打开素材——花纹2，将其拖动到书脊部分，如图3-52所示。

（10）打开素材——章，将其拖动到页面调整位置、大小。［图像］-［调整］-［曲线］，如图3-53所示。

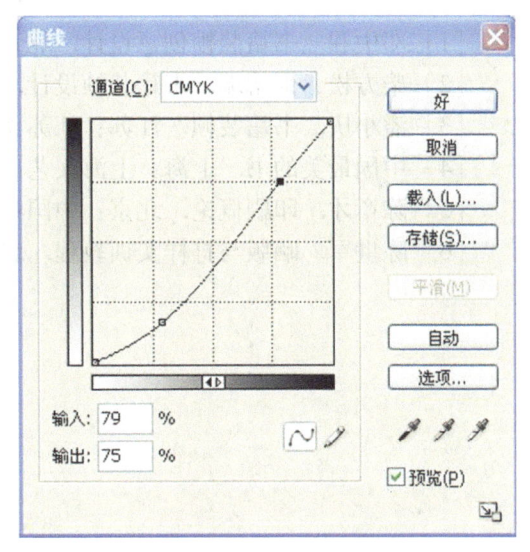

图3-52　效果图（八）　　　　　　　图3-53　"曲线"窗口

（11）按照样张输入文字，调整文字大小、位置，如图3-54所示。

图3-54　最终效果

（12）用时大约4学时。

参考文献

[1] 邓中和. 书籍装帧创意设计. 北京：中国青年出版社.
[2] 柴方松，邵德瑞. 书籍装帧设计. 合肥：合肥工业大学出版社.
[3] 潘小庆. 书籍装帧. 江苏：江苏美术出版社.
[4] 中国最美的书. 上海：上海文艺出版社.
[5] 陈章才. 印刷概论. 北京：中国社会劳动保障出版社.
[6] 陈世军. 晒版与打样实训教程. 北京：印刷工业出版社.